MUNDO ANIMAL
ANIMAIS
DO MUNDO

ENCONTRE MAIS
LIVROS COMO ESTE

Copyright desta tradução © IBC - Instituto Brasileiro De Cultura, 2023

Reservados todos os direitos desta tradução e produção, pela lei 9.610 de 19.2.1998.

2ª Impressão 2024

Presidente: Paulo Roberto Houch
MTB 0083982/SP

Coordenação Editorial: Priscilla Sipans
Edição e Redação: Ana Elizabeth Lima Vasconcelos
Revisão: Mirella Moreno
Preparação de Texto: Gabriel Hernandez
Coordenação de Arte: Rubens Martim
Diagramação: Renato Darim Parisotto e Cecília Honorio (estagiária)
Imagens: Shutterstock; Wikimedia Commons (página 155).

Vendas: Tel.: (11) 3393-7727 (comercial2@editoraonline.com.br)

Foi feito o depósito legal.
Impresso na China

Dados Internacionais de Catalogação na Publicação (CIP) de acordo com ISBD

C181m	Camelot Editora Mundo Animal - Animais do Mundo / Camelot Editora. - Barueri : Camelot Editora, 2023.
	160 p. : il. ; 15,1cm x 23cm
	ISBN: 978-65-85168-71-7
	1. Animais. 2. Enciclopédias de animais selvagens. 3. Zoologia. I. Título.
2023-2595	CDD 591.03 CDU 591

Elaborado por Odilio Hilario Moreira Junior - CRB-8/9949

IBC — Instituto Brasileiro de Cultura LTDA
CNPJ 04.207.648/0001-94
Avenida Juruá, 762 — Alphaville Industrial
CEP. 06455-010 — Barueri/SP
www.editoraonline.com.br

MUNDO ANIMAL

ANIMAIS
DO MUNDO

Camelot

Mamíferos 6

- Antílope-saiga 8
- Baleia-azul 10
- Baleia-jubarte 11
- Baleia-orca 12
- Bicho-preguiça 13
- Bisão-europeu 14
- Bonobo 15
- Cachorro 16
- Canguru-vermelho 17
- Chimpanzé 18
- Coala 19
- Elefante 20
- Esquilo 21
- Foca-leopardo 22
- Gato 23
- Girafa 24
- Golfinho-rotador 26
- Gorila-do-ocidente 27
- Hipopótamo-comum 28
- Leão 30
- Leão-marinho-do-sul 31
- Leopardo 32
- Lince-ibérico 33
- Lobo-cinzento 34
- Macaco-prego-das-guianas 36
- Morcego 37
- Onça-pintada 38
- Orangotango-de-bornéu 39
- Panda-gigante 40
- Pangolim 41
- Peixe-boi 42
- Porco-selvagem 43
- Quati 44
- Quokka 45
- Raposa-vermelha 46
- Rinoceronte-branco 47
- Texugo-europeu 48
- Tigre 49
- Urso-polar 50
- Veado 51
- Zebra 52

Aves 54

- Abutre 56
- Águia-cinzenta 57
- Andorinha-do-campo 58
- Arara-azul 59
- Ararinha-azul 60
- Arara-de-testa-vermelha 61
- Beija-flor 62
- Calopsita-lutino 63
- Condor 64
- Coruja 65
- Flamingo 66
- Ganso 68
- Gavião-real 69
- Gralha-azul 70
- Kiwi 72
- Mainá 73
- Pavão 74
- Pelicano 76
- Pinguim-imperador 77
- Quetzal 78
- Sabiá-laranjeira 79
- Tucano 80
- Tuiuiú 82
- Urubu-rei 83

Peixes — 84

- Atum — 88
- Bacalhau — 89
- Barracuda — 90
- Carpa — 91
- Dourado — 92
- Enguia — 93
- Esturjão-beluga — 94
- Linguado — 95
- Pacu — 96
- Peixe-bolha — 97
- Peixe-espada-preto — 98
- Peixe-lanterna-das-profundezas — 99
- Peixe-palhaço — 100
- Peixe-papagaio — 102
- Peixe-voador — 103
- Piranha — 104
- Raia — 105
- Salmão — 106
- Tubarão — 107
- Tubarão-martelo — 108
- Truta — 109

Répteis — 110

- Cágado-amarelo — 112
- Camaleão — 113
- Caninana — 114
- Cascavel — 115
- Cobra-coral-verdadeira — 116
- Cobra-real — 117
- Cobra-rinoceronte — 118
- Crocodilo-de-água-salgada — 119
- Crocodilo-do-nilo — 120
- Dragão-de-komodo — 121
- Iguana-de-crista-de-fiji — 122
- Iguana-do-deserto — 123
- Iguana-verde — 124
- Jabuti-piranga — 125
- Jacaré-americano — 126
- Lagarto-monitor — 127
- Naja — 128
- Píton — 129
- Sucuri — 130
- Tartaruga-aligátor — 131
- Tartaruga-de-casco-mole — 132
- Tartaruga-gigante-das-galápagos — 133
- Tartaruga-marinha — 134
- Tartaruga-mary-river — 136
- Tuatara — 137

Anfíbios — 138

- Axolote — 140
- Perereca — 141
- Rã-arborícola-europeia — 142
- Rã-flecha-azul — 143
- Rã-de-olhos-vermelhos — 144
- Rã-golias — 145
- Rã-touro — 146
- Salamandra-de-fogo — 147
- Salamandra-negra — 148
- Salamandra-tigre — 149
- Sapo-boi — 150
- Sapo-boi-indiano — 151
- Sapo-comum — 152
- Sapo-de-chifre-da-amazônia — 153
- Sapo-dourado — 154
- Sapo-parteiro — 155
- Sapo-peludo — 156
- Sapo-pingo-de-ouro — 157
- Tritão — 158

SUMÁRIO

MAMÍFEROS

Os mamíferos são o grupo de animais vertebrados mais diversificado em termos de evolução e variedade de espécies no planeta. Conhecidos por sua pluralidade de formas e tamanhos, incluem animais desde pequenos morcegos, cães, macacos, cavalos, veados e até mesmo baleias gigantes, a seres humanos, adaptados a vários ambientes e estilos de vida.

Originários de um grupo de répteis, eles foram capazes de sobreviver às mudanças climáticas globais no final da Era Mesozoica - também conhecida por Idade dos Dinossauros, entre 250 milhões e 65 milhões de anos atrás -, em parte devido a vantagens evolutivas, como a capacidade de regular internamente a temperatura do corpo. Isso permitiu que ocupassem os espaços deixados vazios pela extinção dos grandes répteis. Hoje, os mamíferos dominam os ambientes terrestres, assim como o ar e a água, juntamente com os artrópodes.

Únicos animais que possuem glândulas mamárias e produzem leite para alimentar seus filhotes, os mamíferos também se caracterizam pela presença de pelos que cobrem seus corpos na maioria das espécies. Eles regulam a temperatura internamente por meio de um mecanismo cerebral, mantendo-a constante. Além disso, os mamíferos destacam-se pelo cuidado com a prole.

Em geral, os mamíferos se adaptam bem a diferentes ambientes e são capazes de modificar seu comportamento de acordo com as condições do meio. Alguns grupos, como os primatas, formam sociedades muito complexas. Outros têm habilidades extraordinárias. Por exemplo, o golfinho é conhecido por sua inteligência e capacidade de comunicação admirável, enquanto os morcegos têm a capacidade única de voar usando a ecolocalização para se orientar no escuro.

Os mamíferos têm também uma ampla gama de habilidades sensoriais. Por exemplo, muitos

Especialistas estimam que haja mais de **8 milhões** de espécies de seres vivos no nosso planeta

possuem um olfato altamente desenvolvido, como os cães farejadores que podem detectar odores em quantidades extremamente pequenas. Além disso, os têm uma audição aguçada e uma visão variada, dependendo da espécie.

A classe dos mamíferos abriga mais de 5.300 espécies diferentes, distribuídas por todos os continentes. Essas espécies são agrupadas em três categorias, com base em suas características reprodutivas: os ovíparos, que botam ovos, como o ornitorrinco; os marsupiais, cujas crias nascem prematuras e completam seu desenvolvimento agarradas a um mamilo dentro de uma bolsa (marsúpio), como os cangurus e gambás; e os placentários, cujos filhotes permanecem no útero materno por um período maior e nascem mais desenvolvidos, como o cachorro e o cavalo.

Estudar esses seres é fascinante! Por isso, selecionamos uma pequena amostra dessas espécies para que as conheça melhor. É o que você verá nas páginas a seguir.

MAMÍFEROS
Artiodáctilos

Antílope-saiga ↘

AMEAÇADO DE EXTINÇÃO

Espécie de antílope adaptado para viver em ambientes extremos, como áreas semiáridas e de clima rigoroso. Uma curiosidade sobre as saigas é a presença de uma protuberância nasal bulbosa e flexível, que ajuda na regulação da temperatura e umidade do ar inspirado. Seu focinho especializado filtra o ar seco e poeirento, permitindo que se alimente de vegetação rasteira. Os machos possuem chifres, que são usados em produtos medicinais. Apesar da exportação de chifres ser ilegal na Rússia, Mongólia e Cazaquistão, eles são vendidos legalmente em farmácias tradicionais na China, Malásia e Singapura. A reprodução das saigas ocorre na primavera, quando os machos competem entre si pelo direito de acasalamento. As fêmeas dão à luz uma ou duas crias e os filhotes são capazes de ficar de pé e seguir o grupo logo após o nascimento. Infelizmente, a saiga tatarica está na Lista Vermelha de Espécies Ameaçadas da IUCN (União Internacional para Conservação da Natureza) como Criticamente em Perigo.

Saiga tatarica
- **Família** Bovidae
- **Tamanho** 1,2 m de comprimento e 60 a 70 cm de altura até os ombros; machos pesam de 35 a 40 kg e fêmeas, entre 25 e 30 kg
- **Hábitat** Estepes e planícies da Ásia Central, incluindo países como Rússia, Cazaquistão, Mongólia e China
- **Reprodução** 148 dias de gestação
- **Alimentação** Gramíneas e líquens

MAMÍFEROS
Cetáceos

Baleia-azul

Balaenoptera musculus
- **Família** *Balaenopteridae*
- **Tamanho** 30 m de comprimento; 180 toneladas ou mais
- **Hábitat** Em todos os oceanos, desde águas polares até tropicais
- **Reprodução** A gestação das baleias-azuis dura cerca de 10 a 12 meses, nascendo 1 filhote por vez
- **Alimentação** Krill

A **baleia-azul** é o maior animal do planeta e também o maior mamífero que já existiu. Possui uma dieta exclusivamente composta por pequenos organismos marinhos chamados krill, sendo capaz de consumir até 3,6 toneladas por dia. A baleia-azul não possui dentes e engole grandes quantidades de água junto com o krill, filtrando-o através de suas barbas, que atuam como uma espécie de peneira, retendo o alimento e liberando a água. A baleia-azul é conhecida por sua habilidade de emitir sons extremamente altos, que podem ser ouvidos a grandes distâncias, sendo utilizados para comunicação e orientação. A atividade humana marítima, como o ruído emitido por embarcações, pode causar um impacto negativo no comportamento vocal das baleias-azuis.

MAMÍFEROS
Cetartiodáctilos

Baleia-jubarte ↙

Megaptera novaeangliae
- **Família** *Balaenopteridae*
- **Tamanho** 16 a 17 m de comprimento; até 40 toneladas
- **Hábitat** Águas polares e tropicais, principalmente as dos oceanos Atlântico, Pacífico e Ártico. No Brasil, é mais frequente nas águas rasas das plataformas continentais
- **Reprodução** Gestação de aproximadamente 12 meses, nascendo 1 filhote por vez
- **Alimentação** Crustáceos e pequenos peixes

A baleia-jubarte é uma espécie migratória que vive em águas costeiras e oceânicas, dos polos aos trópicos. Durante o inverno polar, se reproduz em águas mais quentes e volta aos polos no verão para se alimentar. No Brasil, visita a costa durante o inverno e primavera, sendo o banco de Abrolhos uma área importante para sua reprodução. É uma das maiores baleias, com grandes nadadeiras peitorais e uma cabeça alongada. É acrobática, especialmente durante o acasalamento, e a reprodução ocorre no inverno, com gestação de 12 meses e nascimento de um único filhote.

MAMÍFEROS
Cetáceos

Baleia-orca ↘

Orcinus orca
- **Família** *Delphinidae*
- **Tamanho** Machos adultos podem atingir de 6 a 8 m de comprimento, enquanto as fêmeas, de 5 a 7 m
- **Hábitat** São encontradas em todos os oceanos do mundo, desde as águas polares até as regiões tropicais
- **Reprodução** A gestação das fêmeas dura aproximadamente de 15 a 18 meses, com um intervalo médio de reprodução de 3 a 5 anos; geralmente, nasce apenas um filhote por vez
- **Alimentação** Peixes, moluscos, aves, tartarugas, focas, tubarões e até baleias

As baleias-orcas são conhecidas pelo dorso preto e zona ventral branca. Além disso, possuem manchas brancas na parte lateral posterior do corpo, bem como acima e atrás dos olhos. Apesar do nome, a baleia-orca não é uma baleia verdadeira, mas sim o maior membro da família dos golfinhos. Ela é conhecida como "baleia assassina" devido à sua reputação de predador eficiente, mas esse nome pode ser enganoso. As orcas são animais altamente inteligentes e sociais, e sua dieta consiste principalmente de peixes, lulas e, em algumas populações, mamíferos marinhos. Embora sejam predadores formidáveis, é importante destacar que as interações violentas entre orcas e seres humanos são extremamente raras.

MAMÍFEROS
Pilosa

AMEAÇADO DE **EXTINÇÃO** AMEAÇADO DE

Bicho-preguiça ↘

Bradypus variegatus
- **Família** *Bradypodidae*
- **Tamanho** 50 a 70 cm de comprimento; o peso que varia entre 3 e 6 kg
- **Hábitat** Diversas regiões da América Central, como Honduras, ao norte, passando pela Nicarágua, Costa Rica, Panamá, e América do Sul, habitando principalmente as florestas tropicais e subtropicais
- **Reprodução** A gestação pode durar cerca de 6 meses, nascendo geralmente 1 filhote por vez
- **Alimentação** Folhas de árvores, especialmente de espécies como o ingá e a embaúba

As preguiças são conhecidas por se moverem de forma extremamente devagar e passarem a maior parte do tempo penduradas em árvores, alimentando-se e descansando. Famosas por seu comportamento lento e tranquilo, tal característica é uma adaptação à sua dieta de folhas, que oferece pouca energia. Além disso, têm um metabolismo lento e dormem em média de 15 a 20 horas por dia. São animais solitários e podem emitir sons suaves para se comunicar. O bicho-preguiça possui garras longas e afiadas, que são utilizadas para se agarrar aos galhos das árvores. Essas garras são tão fortes que, mesmo quando o animal está morto, é capaz de se manter suspenso por elas. Seu corpo é coberto por longos pelos de coloração esverdeada, devido às algas que ali vivem em simbiose. A coloração das algas pode proporcionar camuflagem para as preguiças, ajudando-as a se misturarem com o ambiente em que vivem. O bicho-preguiça-de-coleira é a única espécie nativa do Brasil, com incidência na Bahia, no Espírito Santo, em Sergipe e no Rio de Janeiro. Segundo a Lista Vermelha de Espécies Ameaçadas da IUCN, está em situação vulnerável.

MAMÍFEROS
Artiodactyla

Bisão-europeu

Mamífero terrestre mais pesado da Europa, podendo atingir até 1 tonelada de peso, o bisão-europeu também é considerado um dos maiores mamíferos terrestres do continente. Está retratado em pinturas rupestres nas cavernas de Altamira, na Espanha. Durante a Idade Média, foi comumente caçado e morto por sua pele e chifres, que eram usados como recipientes para armazenamento de bebidas. Porém, esses animais têm uma história de conservação bem-sucedida. Na década de 1920, o bisão-europeu estava à beira da extinção, com apenas cerca de 50 indivíduos remanescentes. Graças a esforços de conservação, incluindo programas de reprodução em cativeiro, em especial na Polônia, e reintrodução na natureza, sua população se recuperou e agora existem vários grupos estáveis em toda a Europa. Segundo a Lista Vermelha de Espécies Ameaçadas da União Internacional para Conservação da Natureza, o bisão-europeu é uma espécie próxima da ameaça de extinção.

Bison bonasus
- **Família** Bovidae
- **Tamanho** 2,1 a 3,5 m de comprimento e 1,60 a 1,95 m de altura até os ombros; peso entre 400 e 920 kg
- **Hábitat** Animal terrestre remanescente da Europa
- **Reprodução** Reproduzem-se uma vez por ano, entre junho e setembro
- **Alimentação** Herbívoro, mas come também bolotas, urzes e outras plantas no inverno

MAMÍFEROS
Primates

Bonobo ↘

Os bonobos são conhecidos por serem uma das espécies de primatas mais próximas aos seres humanos em termos de comportamento social. Eles são caracterizados por sua sociedade matriarcal, onde as fêmeas têm um papel dominante na comunidade. Também reconhecidos por sua capacidade de empregar a comunicação por meio de gestos e vocalizações, eles utilizam uma ampla variedade de repertório para expressar diferentes estados emocionais, como alegria, medo, raiva e excitação sexual. Também chamados de chimpanzé-pigmeu, possuem pernas longas, lábios rosados e face amarronzada. Esses primatas são conhecidos por apresentarem um comportamento sexual diversificado, tanto homo quanto heterossexual, e frequentemente fazem uso do sexo como forma de estabelecer laços sociais, resolver conflitos e promover a coesão do grupo.

Pan paniscus
- **Família** *Hominidae*
- **Tamanho** 70 a 83 cm de altura; peso entre 36 e 54 kg
- **Hábitat** República Democrática do Congo, na África central, florestas primárias e secundárias, incluindo as áreas pantanosas
- **Reprodução** O período de gestação dura em média de 7 a 8 meses, e geralmente nasce apenas um filhote por vez
- **Alimentação** Frutas, folhas, brotos, sementes, flores e cascas de árvores

MAMÍFEROS
Carnivora

Cachorro ↘

Os cachorros são conhecidos como o "melhor amigo do homem" devido à sua lealdade e companheirismo. Com cerca de 340 raças diferentes, eles foram desenvolvidos ao longo dos anos para desempenhar funções específicas, como pastoreio, caça, guarda, companhia e muito mais, variando em tamanho, aparência, temperamento e habilidades. Além disso, possuem um olfato extraordinário, capaz de detectar odores em concentrações extremamente baixas, e utilizam a cauda para se comunicar e expressar emoções. Estudos arqueológicos e genéticos sugerem que a domesticação dos cães ocorreu entre 20.000 e 40.000 anos atrás, provavelmente a partir de lobos que se aproximaram dos assentamentos humanos em busca de alimento.

Canis lupus familiaris
- **Família** Canidae
- **Tamanho** O tamanho dos cães varia amplamente entre as diferentes raças. Alguns são pequenos, como o Chihuahua, podendo pesar apenas alguns quilos, enquanto outros são grandes, como o São Bernardo, podendo pesar mais de 90 kg. A altura também varia, desde cães de raças pequenas que podem ter apenas alguns centímetros, até cães de raças grandes que podem atingir mais de um metro
- **Hábitat** Desde áreas urbanas até rurais, são encontrados em todo o mundo, acompanhando os seres humanos em diferentes habitats
- **Reprodução** A gestação dura cerca de 63 dias em média, e a fêmea dá à luz uma ninhada de filhotes
- **Alimentação** Varia de acordo com idade, tamanho, raça e saúde; a dieta do cão domesticado inclui uma combinação de alimentos secos e úmidos, garantindo os nutrientes necessários para a saúde do animal

MAMÍFEROS
Diprotodontia

Canguru-vermelho ↘

Macropus rufus
- **Família** *Macropodidae*
- **Tamanho** Os machos podem alcançar cerca de 1,5 m de altura e pesar até 90 kg
- **Hábitat** Em toda a Austrália continental, savanas áridas e chaparrais
- **Reprodução** A fêmea dá à luz filhotes prematuros e os carrega em seu marsúpio para completarem seu desenvolvimento; a gestação é curta, durando cerca de um mês, e os filhotes permanecem na bolsa da mãe por vários meses, alimentando-se de leite materno
- **Alimentação** Ervas ricas em água

O canguru-vermelho é reconhecido como o maior e mais famoso entre todas as espécies de cangurus. Ele é o maior mamífero nativo da Austrália e também o maior marsupial atualmente existente. Marsupiais são animais que possuem uma bolsa abdominal, chamada marsúpio, onde as fêmeas carregam seus filhotes em desenvolvimento. Essa bolsa é uma estrutura especializada que protege e nutre os filhotes após o nascimento, permitindo que eles completem esse desenvolvimento fora do útero materno. Cangurus possuem uma pelagem espessa e vermelho-acastanhada, que varia em tonalidade e funciona como camuflagem em seu ambiente natural. São reconhecidos por seus saltos incríveis, tendo patas traseiras grandes, fortes e musculosas, que lhes permitem saltar até 3 metros de altura e cobrir distâncias de até 9 metros em um único salto. Sua cauda também é grande, essencial para o equilíbrio no salto.

MAMÍFEROS
Primates

Chimpanzé ↘

Pan troglodytes
- **Família** *Hominidae*
- **Tamanho** 70 cm a 90 cm de altura; peso de 30 a 40 kg
- **Hábitat** Região central do continente africano: República do Congo, Camarões, Gabão e Guiné Equatorial
- **Reprodução** Após 8 meses de gestação, a fêmea dá à luz um filhote por vez
- **Alimentação** Frutas, folhas, flores e sementes, além de insetos e pequenos animais

Chimpanzés compartilham aproximadamente 98% do DNA dos humanos, tornando-os nossos parentes mais próximos no reino animal. Eles são conhecidos por sua inteligência impressionante e habilidades cognitivas avançadas, como o uso de ferramentas para obter alimentos e a capacidade de aprender linguagem de sinais. São capazes de inventar recursos simples - como cutucar um cupinzeiro com um graveto para atrair insetos, ou, então, quebrar sementes utilizando pedras - e ainda transmitir esse conhecimento para outras gerações. Animal diurno, terrestre e arborícola, o chimpanzé locomove-se pelo solo, apoiado nos quatro membros, e, de vez em quando, de forma bípede e ereta. Para se alimentar, prefere os galhos das árvores, onde busca por frutas, folhas, flores e sementes. Alimenta-se, ainda, de insetos e pequenos animais. Seu corpo é coberto por uma pelagem predominantemente preta, que se torna mais acinzentada com o passar dos anos. O período de gestação do chimpanzé é quase o mesmo dos humanos: cerca de 8 meses e, geralmente, nasce apenas um filhote por vez. Vivem até 45 anos.

Coala ↘

O coala é um marsupial nativo da Austrália, conhecido por suas características marcantes. Esses animais têm um corpo robusto, de aproximadamente 60 a 85 cm de comprimento, pelagem densa e felpuda, orelhas redondas e olhos grandes. Possui cabeça pequena, focinho curto e olhos bem espaçados. Seu nariz é largo e achatado, e possui grandes narinas em formato de "V", com as fossas nasais desenvolvidas, desempenhando um papel importante na regulação térmica do animal. Os coalas são arborícolas, passando a maior parte do tempo nas árvores. Alimentam-se exclusivamente de folhas de eucalipto, o que influencia em sua dieta e comportamento. Possuem um metabolismo lento e passam cerca de 18 a 20 horas do dia dormindo. São conhecidos por emitir um som semelhante a um rugido durante a época de acasalamento, atraindo assim parceiros.

Phascolarctos cinereus
- **Família** *Phascolarctidae*
- **Tamanho** 60 a 85 cm de comprimento; peso de 4 a 15 kg
- **Hábitat** Austrália
- **Reprodução** A fêmea tem 1 gestação por ano, que dura em média 35 dias, e geralmente só dá à luz um filhote
- **Alimentação** Folhas de eucalipto de determinadas espécies da planta

MAMÍFEROS
Proboscidea

Elefante ↘

Elephas maximus
- **Família** Elephantidae
- **Tamanho** 5,5 m a 6,4 m de comprimento e 3 m de altura até os ombros; pesa de 3 a 5 toneladas
- **Hábitat** Vive em parte da Índia e por toda a região leste da Ásia
- **Reprodução** A fêmea tem novas crias a cada 3 ou 4 anos; o período de gestação é bastante longo, de 18 a 22 meses, e quase sempre nasce um filhote por vez, pesando cerca de 100 kg
- **Alimentação** Vegetação

Existem duas espécies diferentes de elefantes: a africana (*Loxodonta africana*) e a asiática (*Elephas maximus*). São os maiores mamíferos terrestres e caracterizam-se pelo corpo imenso e pesado, além da presença da tromba flexível e comprida, que tem a função de cheirar, transportar água e alimento até a boca e pegar objetos. O que diferencia o elefante-asiático do africano é principalmente o tamanho das orelhas, pois as dos asiáticos são menores, assim como seu porte. De dieta estritamente herbívora, consomem cerca de 150 kg de vegetação diariamente. Em média, os jovens tornam-se independentes após 4 anos, e atingem a maturidade sexual aos 14 anos. Fora o homem, os elefantes adultos praticamente não possuem predadores à sua altura e podem viver cerca de 70 anos.

MAMÍFEROS
Rodentia

Esquilo ↘

Também conhecido como esquilo-vermelho, é uma espécie de esquilo comumente encontrada na Europa e partes da Ásia. Possui um tamanho médio, variando de 19 a 23 cm de comprimento e um peso de 250 a 340 gramas. Sua pelagem varia de acordo com a estação e a localização geográfica, podendo ser vermelha, marrom ou preta. Os esquilos-vermelhos têm orelhas proeminentes e uma cauda felpuda que ajuda na locomoção e no equilíbrio. São animais ágeis e arbóreos, adaptados para saltar e escalar com destreza. Alimentam-se principalmente de sementes, nozes, frutas e brotos. São conhecidos por armazenar alimentos em esconderijos para uso futuro.

Sciurus vulgaris
- **Família** *Sciuridae*
Tamanho 19 a 23 cm de comprimento (fora a cauda); cauda entre 15 e 20 cm de comprimento; peso de 250 a 340 g
- **Hábitat** Europa e partes da Ásia
- **Reprodução** A gestação dura cerca de 38 a 40 dias, e normalmente resulta no nascimento de uma ninhada de 2 a 5 filhotes
- **Alimentação** Sementes, nozes, frutas e brotos

MAMÍFEROS
Carnivora

Foca-leopardo ↳

AMEAÇADO DE EXTINÇÃO

Hydrurga leptonyx
- **Família** Phocidae
- **Tamanho** Maiores que os machos, as fêmeas medem de 2,4 a 3,6 m e pesam até 600 kg
- **Hábitat** Mares em torno da Antártida, além das costas do sul da Austrália, Tasmânia, África do Sul, Nova Zelândia, Ilha Lord Howe, Terra do Fogo, Ilhas Cook e costa atlântica da América do Sul
- **Reprodução** Animal solitário por natureza, só se reúne com outros indivíduos durante a época de reprodução, formando pares ou pequenos grupos; durante o início do verão austral, as fêmeas escavam buracos no gelo, onde dão à luz um único filhote após uma gestação de aproximadamente 9 meses
- **Alimentação** Lulas, pinguins, krill, peixes e, eventualmente, outras focas

A **foca-leopardo é** um mamífero conhecido como o maior predador de focas e pinguins do continente. Quando captura pinguins, espanca as aves na água até que sua pele se solte, e depois come a carcaça. Sua distribuição abrange as costas antárticas, ilhas subantárticas e gelo flutuante durante o verão, enquanto migram para o norte; algumas vezes são avistadas na América do Sul, sul da África, Austrália e Nova Zelândia no inverno. Possuem corpo alongado, cabeça e boca grandes, tórax robusto e pelagem com diferentes tonalidades de cinza, além de manchas claras e escuras na garganta. A população mundial da espécie está entre 200 mil e 300 mil indivíduos, e foi avaliada pela *Lista Vermelha de Espécies Ameaçadas da IUCN* em 2015 como de "Menor Preocupação".

MAMÍFEROS
Carnivora

Gato ↘

Os gatos possuem um sistema de comunicação complexo, utilizando vocalizações, posturas corporais e movimentos da cauda para se expressarem. Diferente de muitos animais, têm a habilidade de se limparem sozinhos através de sua língua áspera, o que ajuda a remover sujeira e a manter sua pelagem limpa. São animais extremamente flexíveis e podem se contorcer em posições impressionantes devido à sua espinha dorsal propícia. Eles têm uma audição aguçada, sendo capazes de detectar sons ultrassônicos que são inaudíveis para os humanos. Têm garras retráteis, úteis para a caça, defesa e escalada, as quais ficam escondidas quando não estão em uso. O gato desempenha um papel significativo na cultura humana em diversas formas: é frequentemente associado a símbolos como sorte, mistério e independência. Em várias culturas, como a egípcia antiga, os gatos eram reverenciados como animais sagrados. Além de seu valor cultural, são apreciados como animais de estimação em todo o mundo e valorizados por sua companhia, personalidade única e habilidade de caça.

Felis catus
- **Família** *Felidae*
- **Tamanho** Há cerca de 250 raças de gato doméstico, e seu peso varia entre 2,5 e 12 kg
- **Hábitat** São encontrados no mundo inteiro
- **Reprodução** A gestação dura aproximadamente de 63 a 65 dias
- **Alimentação** Gatos caçadores alimentam-se de insetos, pequenas aves e roedores

MAMÍFEROS
Artiodactyla

AMEAÇADO DE EXTINÇÃO

Girafa ↘

Giraffa camelopardalis
Família *Giraffidae*
Tamanho São conhecidas por serem os animais terrestres mais altos do mundo, com uma altura média de 4,5 a 5,7 m
Hábitat África do Sul, Namíbia, Quênia e Tanzânia; savanas, pastagens e bosques abertos
Reprodução A gestação dura aproximadamente 15 meses; dão à luz uma única girafa filhote, que nasce em pé e é capaz de se alimentar logo após o nascimento
Alimentação Folhas, caules, flores e frutos

As girafas são mamíferos herbívoros pertencentes à família Giraffidae, e são nativas das regiões da África subsaariana. Elas são conhecidas por suas características distintas, como o pescoço e pernas longas. Acredita-se que as girafas tenham evoluído de ancestrais comuns aos cervos há cerca de 15 milhões de anos. São os mamíferos terrestres mais altos do mundo, podendo atingir até 5,7 metros. Possuem uma língua alongada e flexível, que é usada para alcançar folhas e brotos em árvores altas. Suas manchas na pele são únicas para cada indivíduo e ajudam na camuflagem. As girafas são animais sociais que vivem em grupos, podendo variar em tamanho, mas geralmente consistem em fêmeas adultas e seus filhotes. Durante a época de acasalamento, os machos lutam entre si usando seus pescoços longos em combates conhecidos como "lutas de cabeçadas". Quanto ao hábitat, as girafas habitam áreas de savana, pastagens e bosques abertos, onde podem encontrar alimento em árvores altas. Elas têm uma ampla distribuição geográfica em diferentes países africanos, como África do Sul, Namíbia, Quênia e Tanzânia. É classificada pela União Internacional para a Conservação da Natureza (IUCN) como "Vulnerável à Extinção".

MAMÍFEROS
Cetacea

Golfinho-rotador ↙

Stenella longirostris
- **Família** *Delphinidae*
- **Tamanho** 1,8 a 2,6 m de comprimento; massa corporal de 23 a 79 kg
- **Hábitat** Águas tropicais e subtropicais
- **Reprodução** O período de gestação é de 10 meses, e as mães amamentam seus filhotes de um a dois anos
- **Alimentação** Pequenos peixes e lulas

Com esse nome, você pode imaginar que o golfinho-rotador é um acrobata; e tem razão. Eles são conhecidos por suas acrobacias, como saltos fora d'água e piruetas no ar. Possuem um corpo esguio e alongado, medindo entre 1,8 e 2,6 metros de comprimento. Sua coloração varia do cinza-azulado ao cinza-escuro, com uma mancha clara em forma de "S" na lateral do corpo. Quanto ao comportamento, os golfinhos-rotadores são animais sociais e costumam formar grupos grandes, podendo chegar a centenas de indivíduos. Além disso, são nadadores rápidos e ágeis, podendo atingir velocidades de até 40 km/h. São conhecidos por serem curiosos e interagir com barcos e mergulhadores. Sua comunicação é baseada em sons e assobios característicos. No Brasil, a Baía dos Golfinhos, em Fernando de Noronha, é um oásis para esses animais.

MAMÍFEROS
Primates

Gorila-do-ocidente ↘

Gorilla gorilla
- **Família** *Hominidae*
- **Tamanho** Os machos adultos podem atingir até 1,7 m de altura e pesar mais de 200 kg
- **Hábitat** África Ocidental
- **Reprodução** A gestação dura cerca de 8,5 meses; a fêmea dá à luz um único filhote, geralmente com um intervalo entre 4 e 6 anos
- **Alimentação** Folhas, frutas e brotos

O **gorila-do-ocidente** possui um corpo robusto e pelagem densa, variando em tons de preto a marrom. São animais sociais que vivem em grupos liderados por um macho dominante, chamado de silverback. O comportamento dos gorilas-do-ocidente é marcado pela sua natureza pacífica e familiar. Passam a maior parte do tempo se alimentando e descansando. A comunicação ocorre por meio de vocalizações, expressões faciais e gestos. Curiosamente, são conhecidos por suas habilidades de construção de ninhos para dormir, utilizando galhos e folhas. Esses primatas são ameaçados de extinção devido à caça ilegal e perda de habitat, apesar de serem uma espécie chave para a conservação das florestas tropicais africanas. A interação com humanos é mínima, mas programas de turismo responsável têm ajudado a conscientizar sobre a importância da sua proteção e preservação.

MAMÍFEROS
Artiodactyla

Hipopótamo-comum ↘

Os hipopótamos estão entre os maiores animais terrestres não extintos, perdendo apenas para os elefantes e os rinocerontes. Possui um corpo robusto, pele espessa e tonalidade que varia do cinza ao marrom. São conhecidos por seus grandes dentes caninos e mandíbulas poderosas. Quando abrem a boca, formam um ângulo de 180 graus, mostrando os caninos de 50 cm cada.

São animais semiaquáticos, e passam a maior parte do tempo na água para se manterem frescos. Apesar de seu tamanho e aparência desajeitada, são capazes de se mover rapidamente, e são considerados um dos animais mais perigosos da África, sendo altamente agressivos com os humanos. Além disso, eles se comunicam por meio de vocalizações complexas e marcam território com suas glândulas.

Hippopotamus amphibius
- **Família** *Hippopotamidae*
- **Tamanho** Comprimento de cerca de 3,5 m, altura de aproximadamente 1,5 m até os ombros, podem pesar entre 1.500 e 3.200 kg
- **Hábitat** África subsaariana
- **Reprodução** Ocorre na água; as fêmeas têm um período de gestação de cerca de 8 meses e geralmente dão à luz a um único filhote
- **Alimentação** Hipopótamos são herbívoros e se alimentam principalmente de grama; podem consumir grandes quantidades de vegetação durante a noite, quando saem da água para pastar

MAMÍFEROS
Carnivora

AMEAÇADO DE EXTINÇÃO

Leão ↘

Panthera leo
- **Família** *Felidae*
- **Tamanho** Os machos adultos podem atingir um comprimento de cerca de 2,5 a 3,3 m, incluindo a cauda, e um peso médio de 190 a 225 kg
- **Hábitat** Savanas da África subsaariana, mas também pode ser encontrado em algumas áreas da Índia
- **Reprodução** O acasalamento dura de dois a quatro dias; a gestação dura cerca de 100 a 110 dias e resulta no nascimento de uma ninhada de 1 a 4 filhotes
- **Alimentação** Zebras, gnus e impalas; são predadores oportunistas e também podem se alimentar de girafas, búfalos e outros mamíferos de porte médio a grande

O leão é um felino imponente, com pelagem amarelo-dourada, apresentando juba nos machos. Como predador no topo da cadeia alimentar, desempenha um papel importante na regulação das populações de herbívoros. Além de sua relevância ecológica, os leões possuem um valor simbólico e cultural significativo, considerados símbolos de força, coragem e majestade em muitas culturas ao redor do mundo. Sua grandiosa aparência e comportamento poderoso despertam admiração e fascínio nas pessoas. Ao longo da história, foram retratados em mitos, lendas, obras de arte e na heráldica, representando a realeza, a nobreza e o poder. Sua presença em contos populares, filmes e na cultura popular em geral reforça sua importância como ícone da vida selvagem. Vivendo em grupos sociais, em bandos de 5 a 40 indivíduos, são os únicos felinos de hábitos gregários, com as fêmeas desempenhando um papel fundamental na caça e na criação das crias. O leão está classificado como "Vulnerável" pela União Internacional para a Conservação da Natureza e dos Recursos Naturais (IUCN). Já a subespécie asiática é considerada "Em Perigo".

MAMÍFEROS
Carnivora

Leão-marinho-do-sul ↘

Otaria flavescens
- **Família** Otariidae
- **Tamanho** Os machos adultos geralmente têm um comprimento médio de cerca de 2,2 m e podem pesar entre 200 e 300 kg
- **Hábitat** América do Sul
- **Reprodução** Após o acasalamento, a gestação dura cerca de 12 meses e cada fêmea gera um filhote por vez
- **Alimentação** Peixes, como anchovas, sardinhas e cavalas; além disso, eles também se alimentam de lulas e crustáceos

Única espécie de leão-marinho que ocorre no litoral gaúcho, sul do Brasil. Possui corpo robusto e focinho largo e curto. Sua pelagem varia do marrom dourado nas fêmeas e filhotes ao marrom escuro quase preto nos machos, que também possuem uma "juba" ao redor da face. Esses animais emitem um som característico semelhante a um rugido de leão, daí o seu nome. Com uma expectativa de vida entre 18 e 20 anos, eles são considerados de baixo risco de extinção.

MAMÍFEROS
Carnivora

Leopardo ↘

Panthera pardus
- **Família** *Felidae*
- **Tamanho** 1,30 m a 1,67 m de comprimento e entre 60 e 70 cm de altura
- **Hábitat** África e Ásia
- **Reprodução** O período de gestação dura de aproximadamente 90 a 105 dias; fêmea geralmente dá à luz de 1 a 4 filhotes
- **Alimentação** Aves, répteis e mamíferos, como impalas e gnus

Felino de porte médio a grande, o leopardo possui corpo alongado, pernas curtas e uma cabeça arredondada. Sua pelagem apresenta uma variedade de padrões, como manchas pretas em um fundo amarelo-claro. Existem leopardos que nascem com pelagem escura, quase totalmente preta, conhecidos como panteras-negras. São excelentes escaladores e nadadores, adaptando-se a uma ampla gama de habitats, desde florestas tropicais até áreas semiáridas. São caçadores solitários e noturnos, alimentando-se de uma variedade de presas, incluindo ungulados, primatas e roedores. São conhecidos por sua habilidade de "proteger" suas presas de outros predadores, arrastando-as, muitas vezes maiores que eles, para cima das árvores, onde podem ser consumidas em segurança.

MAMÍFEROS
Carnivora

Lince-ibérico ↘

Felino de porte médio, caracterizado por sua pelagem densa e manchada, que proporciona uma excelente camuflagem em seu hábitat. Possui pernas longas e orelhas pontudas com tufos de pelos. O lince-ibérico é um animal solitário e territorial, preferindo habitats de matagais e florestas densas. É um caçador habilidoso, capaz de saltar grandes distâncias para capturar suas presas. O lince-ibérico é considerado o felino em maior perigo na Europa e uma espécie criticamente ameaçada de extinção, com uma população extremamente reduzida.

Lynx pardinus
- **Família** *Felidae*
- **Tamanho** Os machos adultos podem atingir um comprimento de cerca de 85 a 110 cm, excluindo a cauda, e um peso médio de 12 a 15 kg. As fêmeas são ligeiramente menores
- **Hábitat** Vegetação densa e matagal, como florestas de sobreiro e azinheira, matas de pinheiro e áreas de vegetação mediterrânea. Sua distribuição geográfica está restrita à Península Ibérica, principalmente em Portugal e Espanha
- **Reprodução** A fêmea entra no cio e atrai o macho através de vocalizações; a gestação dura cerca de 60 a 70 dias, resultando em uma ninhada de 1 a 4 filhotes
- **Alimentação** Coelhos, que representam a maior parte de sua dieta, mas também pode se alimentar de roedores, aves e outros pequenos mamíferos

MAMÍFEROS
Carnivora

Lobo-cinzento ↘

Este sobrevivente da Era do Gelo, há 300 mil anos, apresenta uma pelagem densa e variada em cores, como cinza, marrom e branco. Os lobos têm um corpo robusto, pernas longas e uma cabeça em forma de cunha, com orelhas pontudas. São animais sociais que vivem em grupos chamados de alcateias, onde cada membro desempenha um papel específico na caça e na criação dos filhotes. Os lobos são predadores habilidosos e possuem uma dieta variada, que inclui cervos, alces, bisões e pequenos mamíferos. Eles são conhecidos por sua comunicação vocal complexa, utilizando uivos para se comunicar com outros membros da alcateia. Sendo de vital importância no equilíbrio dos ecossistemas, controlam as populações de herbívoros e ajudam a manter a biodiversidade.

Canis lupus
- **Família** *Canidae*
- **Tamanho** Variam em tamanho dependendo da subespécie e da região em que vivem; em média, eles têm entre 1,2 e 2 m de comprimento, incluindo a cauda, e pesam entre 25 e 80 kg; os machos muitas vezes são maiores que as fêmeas
- **Hábitat** Têm uma ampla distribuição geográfica e são encontrados em diversos habitats, incluindo florestas, tundras, estepes e regiões árticas
- **Reprodução** Ocorre geralmente uma vez por ano, durante o inverno; o par dominante na alcateia é responsável pela reprodução, e a fêmea dá à luz uma ninhada de filhotes após uma gestação de cerca de 63 dias
- **Alimentação** São carnívoros e têm uma dieta predominantemente baseada em carne; suas presas principais são cervos, alces, bisões e outros ungulados, mas também podem se alimentar de pequenos mamíferos, aves, peixes e até mesmo insetos

MAMÍFEROS
Primates

Macaco-prego-das-guianas ↘

Cebus apella
- **Família** *Cebidae*
- **Tamanho** 32 a 57 cm de comprimento; pesam entre 2 e 5 kg
- **Hábitat** América do Sul, incluindo florestas tropicais e subtropicais
- **Reprodução** A fêmea dá à luz a um único filhote após uma gestação de cerca de 5 a 6 meses
- **Alimentação** Frutas, folhas, flores, sementes e néctar, mas também podem consumir insetos, ovos, pequenos vertebrados e até mesmo pequenos animais marinhos, quando vivem em áreas costeiras

Possui um corpo médio e pelagem que vai do marrom-claro ao cinza, com variações de cor dependendo da subespécie. Em termos de comportamento, os macacos-prego são conhecidos por serem altamente sociais e vivem em grupos que podem variar de 10 a 40 indivíduos. Eles se comunicam por meio de uma ampla variedade de vocalizações e exibem comportamentos complexos, como o uso de ferramentas para obter alimentos. Esses macacos são ágeis e habilidosos na locomoção, tanto no solo quanto nas árvores. É uma espécie adaptável, que não está restrita a habitats primários e mostra uma notável tolerância com relação às mudanças e perturbações ambientais. Eles podem ser encontrados em uma variedade de habitats, incluindo florestas secundárias, pequenos fragmentos florestais e áreas onde a caça é uma ameaça. Essa capacidade de se adaptar a diferentes ambientes é uma característica interessante desses primatas, e contribui para sua sobrevivência em paisagens alteradas.

MAMÍFEROS
Chiroptera

Morcego ↙

São os únicos mamíferos capazes de voar ativamente, sendo suas asas formadas por uma membrana de pele esticada entre os dedos das mãos. Existem mais de 1.400 espécies de morcegos conhecidas, sendo que 178 delas estão no Brasil, o que representa cerca de um quarto de todas as espécies de mamíferos existentes. Os morcegos são animais noturnos, se alimentam de insetos, frutas, néctar ou até mesmo de sangue, dependendo da espécie. Eles utilizam a ecolocalização para se orientar no escuro, emitindo sons de alta frequência que são refletidos pelos objetos ao seu redor. Infelizmente, muitas espécies de morcegos estão ameaçadas, como é o caso do morcego-branco-das-honduras (*Ectophylla alba*). Uma curiosidade interessante sobre os morcegos é que eles desempenham um papel crucial nos ecossistemas como polinizadores e controladores de pragas. Além disso, existem algumas espécies que têm a capacidade de viver em colônias de milhões de indivíduos, formando impressionantes concentrações em cavernas e outras áreas protegidas.

- **Família** *Pteropodidae* (morcegos frugívoros), *Vespertilionidae* (morcegos insetívoros) e *Phyllostomidae* (morcegos hematófagos e frugívoros)
- **Tamanho** O tamanho dos morcegos varia significativamente entre as diferentes espécies; alguns têm apenas alguns centímetros de comprimento, enquanto outros podem alcançar até 1 m de envergadura
- **Hábitat** Ocupam uma ampla variedade de habitats, incluindo florestas, cavernas, desertos, áreas urbanas e até mesmo oceanos, no caso dos morcegos marinhos
- **Reprodução** As fêmeas dão à luz filhotes em vez de pôr ovos
- **Alimentação** Varia dependendo da espécie; a maioria é insetívora, se alimentando principalmente de insetos, como mosquitos, mariposas e besouros; no entanto, existem morcegos frugívoros que se alimentam de frutas e néctar, bem como morcegos carnívoros que se alimentam de pequenos vertebrados, como pássaros e roedores; alguns também são hematófagos, se alimentando de sangue de outros animais, como aves e mamíferos

MAMÍFEROS
Carnivora

Onça-pintada ↘

Panthera onca
- **Família** Felidae
- **Tamanho** Os machos podem atingir um comprimento de cerca de 1,7 a 2,6 m, incluindo a cauda, e um peso médio de 56 a 96 kg; as fêmeas são ligeiramente menores
- **Hábitat** Florestas tropicais, savanas e áreas pantanosas da América Central e do Sul
- **Reprodução** A gestação dura cerca de 93 a 105 dias e resulta em uma ninhada de 1 a 4 filhotes
- **Alimentação** Mamíferos de médio e grande porte, como capivaras, porcos selvagens e veados, mas também podem caçar aves, répteis e peixes

Felino de porte médio a grande, sendo o terceiro maior do mundo, depois do tigre e do leão. Ela possui uma pelagem amarelo-avermelhada com manchas pretas em forma de rosetas, o que a torna única entre os felinos. As onças-pintadas são excelentes nadadoras e escaladoras de árvores. São solitárias e territoriais, marcando seu território com urina e arranhões em árvores. São animais carnívoros e possuem uma dieta diversificada, alimentando-se de presas como cervos, porcos-do-mato, capivaras e até mesmo jacarés. Infelizmente, está ameaçada de extinção, principalmente devido à perda de habitat, caça ilegal e conflitos com humanos. A destruição das florestas tropicais e a fragmentação de seu hábitat são as principais ameaças que enfrentam. Possuem uma mordida extremamente poderosa, sendo capazes de perfurar o crânio de suas presas com facilidade. Além disso, elas têm uma habilidade única de subir em árvores com suas presas, o que as diferencia de outros grandes felinos.

MAMÍFEROS
Primates

Orangotango-de-bornéu

Primata de grande porte que possui uma pelagem longa e densa, geralmente de cor marrom-avermelhada. Os machos adultos apresentam características distintivas, como bochechas infladas e grandes sacos laríngeos. Em termos de comportamento, são primordialmente solitários e passam a maior parte do tempo nas copas das árvores. Eles são considerados excelentes escaladores e usam seus braços longos para se movimentar entre os galhos. Além disso, são conhecidos por construir ninhos para dormir durante a noite. Infelizmente, o Pongo pygmaeus está em perigo de extinção devido à perda de habitat causada pelo desmatamento, incêndios florestais e expansão das atividades humanas, como a agricultura e a exploração madeireira. Além disso, a caça ilegal e o comércio de orangotangos como animais de estimação também representam uma ameaça significativa para a espécie. São considerados os maiores primatas arborícolas do mundo, e têm uma habilidade incrível de utilizar ferramentas, como galhos, para auxiliar na obtenção de alimentos, como a extração de mel das colmeias. Essa capacidade demonstra sua inteligência e adaptabilidade.

Pongo pygmaeus
- **Família** *Hominidae*
- **Tamanho** Geralmente medem de 1,2 a 1,5 m de altura; peso médio de 40 a 90 kg
- **Hábitat** Florestas tropicais de Bornéu e Sumatra, no Sudeste Asiático
- **Reprodução** A reprodução ocorre durante todo o ano, mas a fêmea só entra no período fértil a cada 6-8 anos; a gestação dura cerca de 8,5 meses e resulta em um único filhote
- **Alimentação** São primatas herbívoros, alimentando-se principalmente de frutas, folhas, brotos, cascas de árvores e ocasionalmente insetos; sua dieta pode variar dependendo da disponibilidade de alimentos em seu hábitat

MAMÍFEROS
Carnivora

Panda-gigante ↘

Ailuropoda melanoleuca
- **Família** Ursidae
- **Tamanho** 1,2 a 1,9 m de comprimento; peso médio de 70 a 125 kg
- **Hábitat** Florestas de bambu nas montanhas do Sudoeste da China
- **Reprodução** As fêmeas têm um período de fertilidade muito curto, geralmente de 24 a 72 horas por ano; a gestação dura cerca de 5 meses e resulta em um único filhote
- **Alimentação** São animais herbívoros, alimentando-se quase exclusivamente de bambu

Este mamífero possui um corpo robusto, com pelagem preta e branca distintiva, orelhas redondas e uma cabeça larga. Sua aparência fofa e adorável o tornou um ícone da conservação da vida selvagem. O comportamento do panda-gigante é predominantemente solitário, passando a maior parte do tempo em busca de bambu, sua principal fonte de alimento. Eles possuem uma dieta especializada e são capazes de consumir grandes quantidades de bambu diariamente. Além disso, são excelentes escaladores e passam parte de seu tempo nas árvores. Eles possuem ainda um "polegar" especializado, que na verdade é um osso do pulso modificado. Esse polegar ajuda o panda-gigante a segurar o bambu com mais facilidade, permitindo que eles se alimentem de maneira eficiente. Além disso, eles são conhecidos por serem animais tranquilos e dóceis. Infelizmente, o panda-gigante está classificado como "Vulnerável", devido à perda de habitat, fragmentação florestal e caça ilegal. O desmatamento e a expansão das áreas agrícolas têm diminuído os territórios disponíveis para o seu hábitat e reduzido a disponibilidade de bambu, seu alimento.

MAMÍFEROS
Pholidota

Pangolim ↘

Esses animais possuem um corpo coberto por escamas duras, focinho alongado e língua excepcionalmente longa e pegajosa, que pode ser até duas vezes o comprimento do próprio corpo, permitindo-lhes alcançar insetos em locais estreitos, sua principal fonte de alimento. O comportamento dos pangolins é predominantemente noturno e solitário.

Eles são excelentes escavadores e se possuem a habilidade de enrolar-se em uma bola quando se sentem ameaçados, protegendo-se com suas escamas, que são feitas de queratina, o mesmo material presente em nossos cabelos e unhas. Essas escamas são altamente valorizadas no mercado clandestino, o que infelizmente tem colocado os pangolins em risco.

Pholidota
- **Família** *Manidae*
- **Tamanho** 30 a 100 cm de comprimento, excluindo a cauda; podem pesar de 1 a 33 kg, dependendo da espécie
- **Hábitat** São encontrados em várias regiões da África e da Ásia, incluindo florestas tropicais, savanas, áreas arbustivas e até mesmo desertos
- **Reprodução** Pouco se sabe sobre a reprodução dos pangolins na natureza; geralmente, as fêmeas dão à luz um único filhote após uma gestação de aproximadamente 3 a 6 meses
- **Alimentação** Animais insetívoros, alimentando-se principalmente de formigas e cupins

MAMÍFEROS
Sirenia

Peixe-boi ↓

Trichechus manatus
- **Família** Trichechidae
- **Tamanho** Comprimento médio de 2,5 a 4,5 m; podem pesar entre 400 e 600 kg
- **Hábitat** São encontrados em regiões costeiras e águas doces, como rios, lagos e estuários; são nativos de áreas tropicais e subtropicais da América do Norte, Central e do Sul, bem como da África
- **Reprodução** As fêmeas têm um período de gestação de aproximadamente 12 meses e geralmente dão à luz um único filhote
- **Alimentação** Plantas aquáticas, como algas, ervas e folhas de árvores que crescem na água

Esses animais possuem um corpo robusto e cilíndrico, com uma pele espessa e uma cauda achatada em forma de remo. Têm comportamento tranquilo e amigável, passando a maior parte do tempo nadando e se alimentando de plantas aquáticas. Possuem uma habilidade única de respirar através de suas narinas quando estão submersos, localizadas na parte frontal da cabeça. Uma curiosidade sobre os peixes-boi é que eles são parentes distantes dos elefantes terrestres, compartilhando características como a dentição contínua, o formato dos dentes molares e a estrutura óssea do ouvido interno. Além disso, possuem uma camada de gordura espessa que ajuda a mantê-los aquecidos em águas frias e atua como reserva de energia. No Brasil, existe o Projeto Peixe-Boi, uma iniciativa que visa a conservação e preservação dos peixes-boi marinhos e fluviais. O projeto é coordenado pelo Instituto Chico Mendes de Conservação da Biodiversidade (ICMBio) e desenvolve ações de pesquisa, monitoramento, educação ambiental e reabilitação desses animais.

MAMÍFEROS
Artiodactyla

Porco-selvagem

Também chamado de javali, possui um corpo robusto, com pelos espessos e cerdas compridas, além de um focinho alongado. Sua coloração varia entre o marrom e o preto, podendo apresentar manchas mais claras. Os javalis podem se tornar invasores em áreas onde foram introduzidos pelo homem, causando prejuízos à agricultura e à biodiversidade local. Sua capacidade de reprodução rápida e adaptação a diferentes habitats contribui para seu sucesso como espécie invasora. No Brasil, não possui predadores naturais e cruza com porcos, fazendo com que sua população aumente. Além disso, a caça desregulada representa uma ameaça para algumas populações de javalis. Possuem um excelente olfato, sendo capazes de farejar alimentos enterrados no solo. Também são animais conhecidos por sua resistência e agilidade, sendo capazes de saltar obstáculos e correr a até 40 km por hora. Sua cauda, curta e reta, é um traço distintivo da espécie.

Sus scrofa
- **Família** Suidae
- **Tamanho** Comprimento médio de 1,2 a 1,8 m, e uma altura de 0,6 a 1 metro até os ombros; o peso varia consideravelmente, podendo chegar a 100 a 300 kg
- **Hábitat** São encontrados em diferentes partes do mundo, incluindo Europa, Ásia, África e América do Norte; no Brasil, foi introduzido na década de 1990
- **Reprodução** As fêmeas têm um período de gestação de aproximadamente 114 dias, e geralmente dão à luz uma ninhada de vários leitões
- **Alimentação** Vegetais, frutos, sementes, e pequenos animais, como insetos e mamíferos

MAMÍFEROS
Carnivora

Quati ↙

Possui um corpo alongado e esbelto, com pelagem densa de coloração variada, geralmente apresentando uma máscara facial distintiva. São animais sociais e costumam viver em bandos de 4 a 20 indivíduos, compostos por fêmeas adultas, filhotes e alguns machos adultos. São excelentes escaladores e passam a maior parte do tempo nas copas das árvores em busca de alimento. São animais inteligentes e curiosos, demonstrando habilidade na obtenção de alimentos. Eles têm uma glândula no dorso que produz odor característico, sendo usado para marcar território e também para comunicação dentro do bando. Além disso, são conhecidos por sua agilidade e habilidade ao abrir objetos ou latas de lixo em busca de comida, tornando-os visitantes comuns em áreas urbanas.

Nasua nasua
- **Família** Procyonidae
- **Tamanho** Comprimento de 1,2 a 2 m, e altura até os ombros de 0,6 a 0,9 m; peso de 20 a 80 kg
- **Hábitat** Encontrado em diversas regiões da América do Sul, incluindo o Brasil
- **Reprodução** Gestação de cerca de 11 semanas; uma ninhada típica pode variar de 4 a 6 filhotes
- **Alimentação** Frutas, insetos, pequenos vertebrados e ovos

MAMÍFEROS
Dasyuromorphia

AMEAÇADO DE **EXTINÇÃO**

Quokka ↳

Você sabia que o quokka é o animal mais feliz do mundo? Eles são conhecidos por sua expressão facial sorridente e por se envolverem em poses adoráveis quando interagem com as pessoas. São considerados uma espécie "Vulnerável", na Lista Vermelha de Espécies Ameaçadas da União Internacional para a Conservação da Natureza (IUCN). Apesar disso, eles não têm medo dos humanos e muitas vezes se aproximam deles, o que levou à fama de serem "animais felizes". O quokka é um marsupial de porte pequeno e de hábitos noturnos. Possui o rosto arredondado, orelhas pequenas e uma aparência amigável. Sua pelagem é densa e macia, com coloração marrom-acinzentada na parte superior e um ventre mais claro. Eles são conhecidos por sacrificarem seus filhotes, lançando-os em direção aos predadores, para a mãe poder escapar.

Setonix brachyurus
- **Família** *Dasyuridae*
- **Tamanho** Aproximadamente 40 a 54 cm de comprimento; pesa de 2,5 a 5 kg
- **Hábitat** Costa da Austrália Ocidental
- **Reprodução** As fêmeas têm um período de gestação de cerca de 27 dias e geralmente dão à luz um único filhote
- **Alimentação** Folhas, brotos, frutas, cascas e caules

MAMÍFEROS
Carnivora

Raposa-vermelha ↘

Vulpes vulpes
- **Família** *Canidae*
- **Tamanho** Os adultos podem ter de 45 a 90 cm de comprimento; a altura varia de 35 a 50 cm
- **Hábitat** Habitam uma variedade de ambientes, incluindo florestas, campos abertos, áreas urbanas e suburbanas no hemisfério Norte, incluindo a maior parte da América do Norte, Europa, Ásia, e ainda algumas partes do norte da África
- **Reprodução** As fêmeas constroem tocas subterrâneas para abrigar a prole
- **Alimentação** Pequenos mamíferos, como coelhos e lebres, além de aves, insetos, frutas e vegetação

Possui pelagem densa e felpuda, geralmente de cor avermelhada, embora possa apresentar variações de cor em diferentes regiões. A pelagem faz com que resistam a temperaturas extremas, de até -13°C. São animais solitários e noturnos, sendo hábeis caçadores e muito adaptáveis. As raposas-vermelhas são conhecidas por sua agilidade e astúcia, além de possuírem um repertório vocal bastante variado, incluindo latidos, guinchos e uivos. A espécie é considerada de "Menor Preocupação" pela *Lista Vermelha de Espécies Ameaçadas*, embora possa sofrer ameaças locais devido à destruição de habitat e perseguição humana.

MAMÍFEROS
Perissodactyla

AMEAÇADO DE EXTINÇÃO

Rinoceronte-branco ↙

O rinoceronte-branco é um dos maiores mamíferos terrestres. Possui um corpo maciço, com pele espessa e rugosa de cor acinzentada, narinas largas, olfato aguçado e baixa visão; seu focinho tem dois chifres, que são feitos de queratina endurecida. Sua característica mais marcante é a presença de um largo lábio superior que se assemelha a um bico, utilizado para pastar vegetação de baixo nível. O nome "rinoceronte-branco" é uma tradução incorreta do termo africânder "wyd", que significa "amplo" ou "largo". No entanto, os ingleses entenderam que a palavra seria white, que quer dizer branco. O nome correto seria "rinoceronte largo", em referência ao lábio superior distinto. O rinoceronte-branco está classificado como espécie "Quase Ameaçada", segundo a *Lista Vermelha de Espécies Ameaçadas da IUCN*, tendo sua população drasticamente reduzida ao longo dos anos.

Ceratotherium simum
- **Família** Rhinocerotidae
- **Tamanho** Um dos maiores mamíferos terrestres, podendo chegar a 2.500 kg e medir de 3,6 a 4,5 m de comprimento
- **Hábitat** Savanas e áreas de pastagem nas regiões da África do Sul, Namíbia, Zimbábue e Quênia
- **Reprodução** As fêmeas têm um período de gestação de cerca de 16 meses e geralmente dão à luz um único filhote
- **Alimentação** Capim, folhas, brotos e frutas

MAMÍFEROS
Carnivora

Texugo-europeu ↘

Meles meles
- **Família** *Mustelidae*
- **Tamanho** Cerca de 60 a 90 cm de comprimento; pesam entre 7 e 15 kg
- **Hábitat** Diversas regiões da Europa e Ásia, preferindo habitats como florestas, matagais e áreas arborizadas
- **Reprodução** A gestação dura cerca de 7 a 8 semanas e as fêmeas dão à luz a ninhadas de 1 a 5 filhotes, em tocas subterrâneas
- **Alimentação** Vermes, insetos, frutas, raízes, pequenos mamíferos e até mesmo ovos de aves

Os texugos possuem uma pelagem densa e áspera de cor marrom-acinzentada, com uma listra branca distintiva correndo ao longo de cada lado de sua cabeça, indo desde o nariz até a parte de trás do pescoço. Eles também têm pernas curtas e garras fortes adaptadas para escavar. São animais noturnos e solitários, passando a maior parte do tempo escavando tocas subterrâneas onde dormem, se reproduzem e se protegem de predadores. Os texugos têm uma dieta variada e sua alimentação inclui uma grande quantidade de vermes. São conhecidos por terem um olfato muito apurado, sendo capazes de encontrar vermes enterrados no solo apenas pelo cheiro. Além disso, têm glândulas odoríferas que liberam um cheiro forte e característico, usado para marcar território e se comunicar com outros texugos.

MAMÍFEROS
Carnivora

AMEAÇADO DE EXTINÇÃO

Tigre ↘

É uma das maiores espécies de felinos do mundo e conhecido por suas listras distintas. Possuem um corpo musculoso e uma cabeça larga, com dentes e garras afiadas. Os tigres são solitários e territoriais, além de caçadores habilidosos; se alimentam principalmente de ungulados como cervos e javalis, embora também possam consumir outros animais. Eles são capazes de saltar e nadar com facilidade, sendo excelentes predadores. Estão ameaçados de extinção, segundo a *Lista Vermelha de Espécies Ameaçadas da IUCN*, e sua população vem diminuindo. Existem seis subespécies de tigres: o tigre-de-bengala, tigre-siberiano, tigre-de-sumatra, tigre-da-indochina, tigre-malaio e tigre-do-sul-da-china, algumas das quais estão criticamente ameaçadas. Suas listras são únicas para cada indivíduo, assim como nossas impressões digitais. Além disso, eles têm uma excelente visão noturna, o que lhes confere vantagem ao caçar durante a noite.

Panthera tigris
- **Família** Felidae
- **Tamanho** Machos podem atingir até 3,3 m de comprimento, incluindo a cauda; pesam até 300 kg
- **Hábitat** Florestas tropicais e temperadas, manguezais e planícies de inundação; sua distribuição original era ampla, abrangendo países como Índia, Rússia, Indonésia e China
- **Reprodução** A gestação dura cerca de 3 meses e as fêmeas geralmente dão à luz de 2 a 4 filhotes
- **Alimentação** Cervos e javalis; também podem caçar animais de porte médio e se alimentar de peixes, caso vivam em regiões próximas à água

MAMÍFEROS
Carnivora

Urso-polar ↓

Espécie de urso adaptada para viver em ambientes frios, como o Ártico. Eles possuem uma pelagem espessa e branca, que os ajuda a se camuflarem na neve, e uma camada de gordura subcutânea que os mantém aquecidos. São excelentes nadadores e são capazes de percorrer longas distâncias na água. São animais solitários, exceto durante a época de acasalamento e criação dos filhotes. Infelizmente, estão enfrentando sérias ameaças devido ao derretimento do gelo do Ártico, resultante das mudanças climáticas. A redução do habitat de gelo afeta sua capacidade de caçar e se reproduzir. Além disso, a poluição e a interferência humana também representam riscos para sua sobrevivência. Sua camada de gordura é extremamente espessa, podendo chegar a até 10 cm de espessura, isolando-os do frio intenso e lhes permitindo nadar em águas extremamente geladas. Possuem um olfato aguçado, capaz de detectar a presença de focas a quilômetros de distância.

Ursus maritimus
- **Família** Ursidae
- **Tamanho** Um dos maiores carnívoros terrestres; machos adultos podem atingir um comprimento de cerca de 2,5 a 3 m e um peso de 400 a 600 kg
- **Hábitat** Círculo polar ártico
- **Reprodução** As fêmeas dão à luz em tocas de neve ou buracos no gelo, geralmente a uma ninhada de 1 a 4 filhotes
- **Alimentação** Focas, especialmente focas-aneladas e focas-barbudas; também se alimentam de peixes, carcaças de baleias, aves marinhas e ocasionalmente de outros mamíferos marinhos

MAMÍFEROS
Artiodactyla

Veado ↳

Os veados possuem corpos esbeltos, pernas longas e cascos adaptados para correr e saltar. A pelagem varia de acordo com a espécie e a região, podendo ser marrom, avermelhada, acinzentada ou manchada. Os machos da maioria das espécies desenvolvem galhadas, que são estruturas ósseas ramificadas, enquanto as fêmeas geralmente não as possuem. Veados são animais sociais e costumam formar grupos, chamados de rebanhos, principalmente durante a época de acasalamento. Os machos competem pelo direito de acasalar com as fêmeas, exibindo suas galhadas e realizando rituais de confronto. Veados são ágeis e possuem ótima capacidade de corrida e salto para escapar de predadores. Alguns são caçados por sua carne, pele e galhadas, o que representa uma ameaça à sua sobrevivência. Algumas espécies de veados estão ameaçadas de extinção, como é o caso do veado-campeiro no Brasil.

Cervidae
- **Família** *Cervidae*
- **Tamanho** Alguns cervídeos podem atingir 2 m de altura até os ombros e pesar mais de 500 kg; outras espécies menores, como o cervo-de-cauda-branca, têm cerca de 1 metro de altura e pesam em torno de 100 kg
- **Hábitat** São encontrados em uma variedade de habitats ao redor do mundo, incluindo florestas, pradarias, savanas e montanhas
- **Reprodução** As fêmeas dão à luz a um ou dois filhotes por vez, após uma gestação que varia de 6 a 9 meses
- **Alimentação** Folhas, brotos, arbustos, cascas e gramíneas

MAMÍFEROS
Perissodactyla

Zebra ↘

São conhecidas por sua pelagem listrada característica, sendo objeto de debate científico, com várias teorias tentando explicar sua função, incluindo a camuflagem, o reconhecimento individual e a proteção contra insetos. Cada zebra tem um padrão único de listras, equivalentes às digitais humanas.

Por muito tempo, acreditava-se que eram animais brancos com listras pretas, no entanto, evidências embriológicas revelaram que a cor de fundo do animal é preta, e as listras são brancas. Zebras vivem em grupos sociais chamados de rebanho, compostos por um macho dominante, várias fêmeas e seus filhotes.

Equus quagga
- **Família** *Equidae*
- **Tamanho** Variam em tamanho, dependendo da espécie; em média, medem cerca de 2,3 m de comprimento e 1,3 m de altura até a cernelha; podem pesar até 350 kg
- **Hábitat** Savanas e planícies abertas em diferentes regiões da África
- **Reprodução** As zebras fêmeas dão à luz a um único filhote após uma gestação de cerca de 12 a 13 meses, que podem ficar de pé e andar logo após o nascimento
- **Alimentação** Gramíneas e outras plantas herbáceas

AVES

As aves são animais vertebrados que possuem um corpo coberto por penas, bico sem dentes e asas adaptadas para o voo. São dotados de um sistema altamente eficiente, com a presença de sacos aéreos que se comunicam com os pulmões, permitindo que o oxigênio seja aproveitado de forma mais eficaz enquanto voam. Essas espécies são encontradas em praticamente todos os habitats do planeta, desde as regiões polares até os trópicos. Elas desempenham papéis ecológicos importantes, incluindo a polinização de plantas, a distribuição de sementes e a manutenção do equilíbrio de cadeias alimentares. Além disso, muitas aves são importantes fontes de alimento para outros animais, incluindo seres humanos. As aves também têm um grande valor cultural e histórico, sendo muitas vezes usadas como símbolos nacionais, inspiração para a arte e fonte de lendas e histórias. Apesar dos benefícios que as aves proporcionam, elas enfrentam diversas ameaças, como a perda e fragmentação de habitat, queimadas, e a caça e captura para o comércio ilegal de animais silvestres. Algumas espécies estão seriamente ameaçadas de extinção, como é o caso da águia-imperial-ibérica (Aquila adalberti) e do papagaio-de-cara-roxa (Amazona brasiliensis). Por isso, é essencial que a preservação dos habitats naturais das aves seja uma prioridade, assim como o combate à caça e ao tráfico de animais silvestres.

O sistema respiratório das aves é altamente eficiente, e permite a obtenção de oxigênio em altitudes elevadas e durante o voo. As aves têm um par de pulmões que são pequenos e rígidos, com muitos sacos aéreos conectados a eles. Esses sacos aéreos permitem a entrada e saída de ar pelos pulmões em um fluxo unidirecional, o que significa que o ar flui em apenas uma direção através dos órgãos e não retorna. Isso garante que o oxigênio seja absorvido em sua totalidade, enquanto o dióxido de carbono é completamente eliminado. O processo começa com a inalação, quando o ar entra pelas narinas e segue pelo ducto traqueal até os pulmões posteriores. Os sacos aéreos abdominais são preenchidos com ar rico em oxigênio durante essa inalação, e à medida que a ave exala, é empurrado dos pulmões para os sacos aéreos torácicos, onde ocorre a hematose, ou seja, a troca gasosa entre o ar e o sangue. É então exalado pelos pulmões anteriores e expirado pelas narinas. Além disso, também são altamente adaptáveis. Durante o voo, por exemplo, podem aumentar sua taxa metabólica para atender às demandas energéticas do voo, e são capazes de regular a temperatura corporal por meio de suas vias respiratórias. À medida que o ar é inalado, passa por uma estrutura especializada na chamada bolsa nasal, que umedece e aquece o ar antes que ele alcance os pulmões. Isso permite que as aves respirem ar quente e úmido, o que ajuda a manter sua temperatura corporal elevada durante o voo e em ambientes frios.

As aves possuem uma variedade de hábitos instintivos, que são determinados por suas necessidades fisiológicas e comportamentais. Um desses hábitos é a busca por alimentos adequados às suas carências nutricionais, seja caçando presas, coletando frutas ou sementes, perfurando troncos de árvores em busca de insetos, entre outros comportamentos alimentares. Outro instinto importante é o de construir ninhos para proteger seus ovos e filhotes, variando em tamanho e forma dependendo da espécie e do ambiente. Algumas aves utilizam materiais incomuns na construção de seus ninhos, como lama, penas, musgo, teias de aranha e até cabelo humano. A migração seria mais um desses hábitos instintivos, com muitas espécies percorrendo longas distâncias em busca de melhores condições de alimentação e reprodução. Durante a migração, elas podem voar milhares de milhas, atravessando continentes e oceanos. Por fim, as aves também têm o instinto de vocalizar; cada espécie com um conjunto único de vocalizações usadas para comunicação entre os membros. Os cantos das aves são complexos e belos, usados especialmente durante a época de acasalamento. Além disso, emitem sons de alarme para alertar sobre a presença de predadores ou outras ameaças.

Conhecer as aves é fundamental para a preservação das espécies, pois nos permite identificar quais estão em risco de extinção, quais são seus principais desafios e ameaças, e como podemos implementar estratégias de conservação eficazes. Também desenvolvemos um maior apreço pela biodiversidade e pelos ecossistemas em que vivem, promovendo a conscientização ambiental e a adoção de práticas sustentáveis.

AVES
Falconiformes

Abutre ↘

Aegypius monachus
- **Família** *Accipitridae*
- **Tamanho** Envergadura de asas entre 1,5 e 3 m; peso entre 2,5 a 12 kg
- **Hábitat** Europa, Ásia e norte da África
- **Reprodução** Constrói ninhos grandes, onde a fêmea põe um ou dois ovos
- **Alimentação** Carcaças de animais

Esta espécie é grande, com visão desenvolvida, asas largas e voa em altitudes elevadas por longas distâncias. É necrófaga, alimentando-se de carniça e desempenhando papel importante como agente de limpeza no ecossistema. É monogâmica, constrói ninhos altos e reproduz entre a primavera e o verão. Ambos os pais cuidam dos filhotes até que saiam do ninho. Infelizmente, algumas espécies estão ameaçadas de extinção devido à caça ilegal, perda de habitat e envenenamento por substâncias tóxicas. Caçadores africanos aplicam veneno em elefantes e rinocerontes mortos para eliminar abutres e evitar que estes alertem guardas florestais sobre atividades ilegais.

AVES
Accipitriforme

Águia-cinzenta ↓

Buteogallus coronata
- **Família** Accipitridae
- **Tamanho** Envergadura de asas de até 1,8 m; peso até 5 kg
- **Hábitat** Brasil, Bolívia e Argentina
- **Reprodução** Ocorre geralmente em árvores altas, onde a fêmea põe apenas um ovo por ano
- **Alimentação** Mamíferos como preguiças, macacos e coelhos, além de aves e répteis

Espécie rara encontrada na América do Sul, conhecida por sua plumagem cinza-escura e pela crista de penas que se eleva em sua cabeça. É uma das maiores aves de rapina da região, tendo hábitos solitários e sendo encontrada em florestas densas e montanhas altas. Infelizmente, essa espécie é considerada vulnerável à extinção devido à perda de habitat, principalmente pela expansão agrícola, caça, tráfico ilegal e contaminação por defensivos agrícolas. Sua população global foi estimada entre 250 e 1.000 indivíduos maduros, segundo o *Livro Vermelho da Fauna Brasileira Ameaçada de Extinção*, do Instituto Chico Mendes de Conservação da Biodiversidade (ICMBio).

AVES
Falconiformes

Andorinha-do-campo ↘

Progne tapera
- **Família** *Hirundinidae*
- **Tamanho** 16 a 17 cm de comprimento; pesa entre 30 e 40 g
- **Hábitat** América do Sul
- **Reprodução** Nidifica em tocas ou usando ninhos de joão-de-barro
- **Alimentação** Cupins, formigas, moscas e abelhas

Ave migratória que passa o inverno em áreas mais quentes da América do Sul e retorna para as áreas de reprodução na primavera. Sua plumagem é marrom-escura nas partes superiores e mais clara nas partes inferiores, com a garganta branca. O bico é curto e fino, adaptado para se alimentar de insetos em pleno voo. É encontrada em áreas abertas, como campos, pastagens e savanas. A fêmea coloca de dois a quatro ovos, que são incubados por cerca de duas semanas. Os filhotes são alimentados com insetos pelos pais e começam a voar cerca de três semanas após a eclosão dos ovos. É uma ave muito ágil e rápida em voo, capaz de capturar no ar com grande habilidade.

AVES
Psitaciforme

Arara-azul ↲

Anodorhynchus hyacinthinus
- **Família** Psittacidae
- **Tamanho** Mede 1 m da ponta do bico à ponta da cauda; pesa até 1,3 kg
- **Hábitat** América do Sul
- **Reprodução** Começa sua família aos sete anos; a fêmea tem dois filhotes, mas em geral, só um sobrevive
- **Alimentação** Castanhas dos cocos de palmeiras de acuri e bocaiúva

A arara-azul é uma das aves mais icônicas e majestosas do mundo, com sua plumagem azul vibrante e sua personalidade marcante. Curiosamente, na parte inferior das asas e cauda, a coloração é preta, e, ao redor dos olhos, há um anel amarelo. Ela é nativa da América do Sul, especificamente do Brasil, Bolívia e Paraguai. Habita regiões de floresta tropical úmida e densa, mas também pode ser vista em savanas com árvores dispersas, onde se alimenta e dorme em galhos isolados. Infelizmente, a arara-azul está ameaçada de extinção, devido à degradação do seu hábitat por conta do desmatamento, à caça ilegal e ao comércio clandestino.

AVES
Psitaciforme

Ararinha-azul

A ararinha-azul é bem menor que a arara-azul. Desde outubro de 2000, o último indivíduo livre conhecido desapareceu, segundo o *Livro Vermelho da Fauna Brasileira Ameaçada de Extinção,* do ICMBio. Se muito, pode haver até 50 exemplares desta ave. O declínio da espécie foi atribuído à destruição de habitat e captura para comércio ilegal. Sua plumagem possui vários tons de azul, tendo o ventre um tom pálido a esverdeado, enquanto o dorso, asas e cauda têm cores mais vívidas. As extremidades das asas e cauda são pretas, enquanto a fronte, as bochechas e a região do ouvido são azul-acinzentados.

Progne tapera
- **Família** Psittacidae
- **Tamanho** 55 a 60 cm de comprimento; pesa de 286 a 410 g
- **Hábitat** Nordeste do Brasil
- **Reprodução** A fêmea deposita geralmente dois ovos, e o casal compartilha a incubação e o cuidado dos filhotes
- **Alimentação** Sementes, frutas, insetos e pequenos animais

AVES
Psitaciforme

Arara-de-testa-vermelha ↙

Ara rubrogenys
- **Família** Psittacidae
- **Tamanho** 55 a 60 cm de comprimento
- **Hábitat** Bolívia
- **Reprodução** Amadurecimento sexual aos 3 anos e postura de 2 a 3 ovos
- **Alimentação** Sementes e frutas

Espécie rara que vive nas florestas da Bolívia, a arara-de-testa-vermelha recebe este nome devido a uma mancha vermelha muito característica e distinta na testa, além de outras atrás dos olhos, quase como bochechas. Possui plumagem verde, cauda verde com penas azuladas, bico cinza-escuro, olhos laranjas e patas cinza-escuras. Estima-se que sua população não chegue a 600 indivíduos, por isso é considerada criticamente ameaçada, sendo que seu hábitat natural sofre cada vez mais com alterações devido a atividades humanas.

AVES
Apodiformes

Beija-flor ↘

O beija-flor ou colibri é uma ave conhecida por sua habilidade de voar em alta velocidade e pela sua bela plumagem colorida. Com cerca de 300 espécies existentes em todo o mundo, os colibris são encontrados desde o Alasca até a Terra do Fogo. A forma do seu bico é adaptada para permitir que alcancem o néctar nas flores e as pequenas presas em ramos e folhas. Além disso, sua taxa metabólica, que é uma das mais altas entre as aves, requer uma grande ingestão de alimento, fazendo com que consumam diariamente uma quantidade de néctar que pode chegar a duas vezes o peso de seu próprio corpo. Sua habilidade de voar em alta velocidade é possível graças a sua musculatura torácica desenvolvida e um sistema respiratório altamente eficiente, que permite o fornecimento de oxigênio necessário para sustentar o voo. O colibri é conhecido por seu comportamento social, tolerando a presença de outros indivíduos em seus territórios e até mesmo formando bandos. Outra característica notável dos colibris é sua habilidade de voo em diferentes direções, incluindo para trás e de cabeça para baixo. Essa capacidade é possível graças à articulação do ombro altamente flexível e aos músculos do peito e asas que permitem alterar rapidamente a direção. Essas habilidades também o ajudam a escapar de predadores e competidores, tornando-os um dos pássaros mais ágeis e acrobáticos do mundo.

Trochilidae
- **Família** *Trochilidae*
- **Tamanho** 7,5 a 13 cm de comprimento, pesando em média de 2 a 6 g
- **Hábitat** Encontrado em todo o território brasileiro, desde a Floresta Amazônica até a Mata Atlântica, Cerrado e Caatinga
- **Reprodução** Após o acasalamento, a fêmea constrói um ninho em uma localização protegida, onde deposita seus ovos e os incuba até a eclosão
- **Alimentação** Néctar, pólen e pequenos insetos

AVES
Psittaciformes

Calopsita-lutino ↘

Nymphicus hollandicus
- **Família** *Psittacidae*
- **Tamanho** 30 cm; peso entre 75 e 125 g
- **Hábitat** Austrália, mas reproduzida e encontrada no Brasil
- **Reprodução** Ovípara, reproduz-se através da postura de ovos que são incubados por cerca de 18 dias
- **Alimentação** Sementes, frutos e insetos; essas espécies costumam alimentar-se no chão, diferentemente dos outros psitacídeos, que preferem o topo das árvores

A calopsita-lutino possui uma mutação de cor, sendo uma espécie de ave doméstica originária da Austrália. Essa mutação é caracterizada por penas brancas e amarelas, sem as manchas acinzentadas típicas da calopsita selvagem. Embora essa variação de cor seja comum em aves mantidas em cativeiro, é rara na natureza. A calopsita-lutino é dócil e sociável, sendo uma das aves mais populares como animal de estimação em todo o mundo. Na natureza, é encontrada em grande parte do território australiano, em áreas de savana, bosques e planícies costeiras. As calopsitas em geral são aves adaptáveis e bem-sucedidas em ambientes urbanos, no entanto, é importante ressaltar que a manutenção em cativeiro requer cuidados especiais e um compromisso com o bem-estar animal. No Brasil, a calopsita foi introduzida no final do século XX, inicialmente como uma espécie de ave ornamental em cativeiro. Desde então, a popularidade cresceu exponencialmente, tornando-a uma das aves mais comuns nos lares brasileiros.

AVES
Cathartiformes

Condor ↘

Vultur gryphus
- **Família** *Cathartidae*
- **Tamanho** Envergadura de até 3 m; peso de 14 kg
- **Hábitat** América do Sul
- **Reprodução** A fêmea põe um ovo que é incubado pelo casal por cerca de 2 meses
- **Alimentação** Carcaças de animais

Sua plumagem é predominantemente preta, com as pontas das asas brancas e uma cabeça calva e vermelha. As fêmeas são menores que os machos, e o condor é uma ave monogâmica, tendo seu período de acasalamento entre agosto e setembro, quando os casais formam laços duradouros e estratégias em conjunto para construir um ninho. Após o acasalamento, a fêmea põe um ovo que é incubado pelo casal por cerca de dois meses. Os filhotes levam cerca de seis meses para atingirem a maturidade e começarem a voar. É uma ave necrófaga, e sua dieta inclui carcaças de grandes mamíferos, como veados, camelos e gado, além de animais menores, como coelhos e aves. O condor desempenha um papel importante no ecossistema, pois é responsável pela limpeza de carcaças de animais que poderiam se tornar fonte de doenças. Infelizmente, a espécie é considerada vulnerável devido à caça excessiva e à perda de habitat. Atualmente, existem programas de conservação em andamento para ajudar a protegê-la, incluindo a criação de santuários naturais e a preservação contra a caça.

AVES
Strigiformes

Coruja ↳

Strix nebulosa
- **Família** *Strigidae*
- **Tamanho** O tamanho e peso das corujas variam de acordo com a espécie; a coruja-buraqueira, por exemplo, mede 63 cm de comprimento e tem peso médio entre 1 e 1,5 kg; já a coruja-do-mato (Strix virgata), tem entre 30 e 38 cm de comprimento e peso médio entre 250 e 400 g
- **Hábitat** Áreas de florestas densas e maduras, especialmente aquelas dominadas por coníferas, como pinheiros e abetos
- **Reprodução** Ovíparas, sua reprodução ocorre através da postura de ovos que são chocados pela fêmea até a eclosão das crias
- **Alimentação** Roedores e insetos

Conhecida por sua plumagem suave, permitindo voar de maneira silenciosa para aguardar por suas presas, de olhos grandes, imóveis, e projetados para frente. Sua cabeça gira 270º. A coruja-buraqueira é uma das espécies mais conhecidas que ocorrem no Brasil. Aves que caçam principalmente durante a noite, têm um sistema de audição altamente desenvolvido, permitindo-lhes detectar presas em ambientes escuros e silenciosos. São frequentemente associadas à sabedoria e inteligência, especialmente em culturas antigas. Alguns povos acreditavam que as corujas eram os mensageiros da morte, enquanto outros as consideravam símbolos de boa sorte. No Brasil, existem diversas espécies, entre elas, a coruja-buraqueira (*Athene cunicularia*), a coruja-orelhuda (*Asio clamator*), a coruja-do-mato (*Megascops choliba*) e a coruja-suindara (*Tyto furcata*). Essas espécies são essenciais para o equilíbrio ecológico, principalmente pelo controle populacional de pequenos roedores e insetos, além de serem importantes dispersoras de sementes.

AVES
Phoenicopteriformes

Phoenicopterus
- **Família** *Phoenicopteridae*
- **Tamanho** Variam em tamanho, dependendo da espécie; em média, eles medem cerca de 1,2 a 1,4 m de altura e têm uma envergadura de asas de cerca de 1,4 a 1,7 m
- **Hábitat** São encontrados em várias regiões do mundo, incluindo América do Sul, África, Ásia, América do Norte e Europa; preferem habitats com água salgada ou salobra, como lagoas costeiras, estuários e lagos salgados
- **Reprodução** São monogâmicos e formam pares que duram várias temporadas de reprodução; constroem ninhos de lama em formato de cone, geralmente em áreas rasas da água; a fêmea geralmente põe apenas um ovo, que é incubado tanto pelo macho quanto por ela; os filhotes nascem com penas brancas e gradualmente desenvolvem a coloração rosa característica à medida que crescem
- **Alimentação** Consiste principalmente de pequenos organismos aquáticos, como algas, crustáceos, larvas de insetos e pequenos moluscos; se alimentam filtrando a água com seu bico curvado e alimentos através de suas lamelas, estruturas semelhantes a peneiras presentes em sua língua

Flamingo ↘

Os flamingos são aves de porte médio a grande, conhecidas por suas penas em um tom de rosa vibrante e pernas longas. Eles possuem um bico curvado para baixo, adaptado para filtrar alimentos em águas lamacentas. São aves sociais e geralmente vivem em grandes colônias em áreas úmidas, como lagos salgados e lagoas costeiras. Uma curiosidade interessante sobre eles é que, mesmo com suas longas pernas, podem dormir em pé, mantendo o equilíbrio.

AVES
Anseriformes

Ganso ↘

Os gansos são aves de porte médio a grande, com pescoço alongado e pernas curtas. Possuem penas geralmente em tons de cinza, branco e marrom. Seu bico é largo e achatado, adaptado para pastar vegetação aquática. São aves migratórias e geralmente vivem em bandos, voando numa formação em "V". Além disso, são animais sociais e se comunicam através de vocalizações altas e chamativas. Os gansos têm excelente visão e audição, o que os torna bons vigias. São conhecidos por serem protetores, e podem ser agressivos ao defender seu território ou seus filhotes.

Anser anser
- **Família** Anatidae
- **Tamanho** Variam em tamanho dependendo da espécie, mas em média medem cerca de 70 a 90 cm de comprimento e têm uma envergadura de asas de cerca de 150 a 180 cm
- **Hábitat** São encontrados em várias regiões do mundo, incluindo América do Norte, Europa, Ásia e África; habitam áreas úmidas, como lagos, lagoas, rios e pastagens próximas a corpos d'água
- **Reprodução** Formam pares monogâmicos e constroem ninhos no chão, geralmente perto da água; a fêmea põe de 4 a 8 ovos, que são incubados tanto pelo macho quanto por ela; os filhotes são precoces e capazes de nadar e se alimentar logo após o nascimento
- **Alimentação** Vegetação aquática, gramíneas, brotos, folhas e sementes

AVES
Accipitriformes

Gavião-real ↓

Também chamada de águia-imperial-brasileira, é uma ave de rapina encontrada na América Central e do Sul, incluindo países como Brasil, Argentina, Colômbia e México. O gavião-real adulto é um carnívoro no topo da cadeia alimentar. Essa espécie é conhecida por sua envergadura de asas de até 2 metros e sua plumagem cinza escura. É considerada uma das maiores aves de rapina do mundo, temida por sua ferocidade e agilidade na caça. São animais solitários e territoriais, geralmente ocupando áreas de floresta densa e montanhosa. Essas aves têm uma dieta variada e se alimentam, entre outros bichos, de primatas. Os machos pegam presas menores e as fêmeas, presas relativamente maiores.

Harpia harpyja
- **Família** *Accipitridae*
- **Tamanho** Ave de porte grande, podendo atingir cerca de 90 a 105 cm de comprimento, envergadura de asas de até 2 m e peso médio de aproximadamente 2,7 a 4,5 kg
- **Hábitat** América Central e do Sul, incluindo Brasil, Argentina, Colômbia e México
- **Reprodução** São monogâmicos e formam pares unidos por toda a vida, mas, exceto durante a época de reprodução, os parceiros têm cada um seu próprio território de caça
- **Alimentação** Mamíferos de médio e grande porte, como macacos, preguiças e antas

AVES
Passeriformes

Gralha-azul ↘

Ave de porte médio, possui uma bela plumagem predominantemente azul, com detalhes pretos nas asas e na cauda. Seu bico é robusto e suas pernas são fortes, permitindo que se mova com agilidade em seu hábitat. Sua cabeça é adornada por um topete de penas que se levanta quando está em estado de alerta ou excitação. As penas da gralha-azul são macias e densas, conferindo à ave uma aparência elegante e exuberante. É uma ave gregária, ou seja, vive em grupos. Essas aves são altamente sociáveis e comunicativas, utilizando vocalizações distintas para se comunicarem com outros membros do grupo. São animais muito inteligentes e possuem uma habilidade impressionante na construção de ninhos. Além disso, são conhecidas por sua agilidade e destreza em voos. Espécie ameaçada de extinção, é considerada um símbolo do estado de Santa Catarina, tendo população restrita às áreas de florestas e matas de altitude no sul do país. Essas aves têm um papel importante na dispersão de sementes, contribuindo para a regeneração da vegetação.

Cyanocorax caeruleus
- **Família** *Corvidae*
- **Tamanho** Aproximadamente 38 cm de comprimento
- **Hábitat** Habita preferencialmente florestas e matas de altitude, sendo encontrada principalmente no sul do Brasil; preferem áreas mais preservadas, onde encontram alimento e abrigo para a construção de seus ninhos
- **Reprodução** Ocorre durante a primavera e o verão; durante esse período, as aves constroem seus ninhos em árvores, utilizando materiais como galhos, folhas e musgos; a fêmea coloca de 2 a 4 ovos, que são incubados por cerca de 18 a 20 dias; após o nascimento dos filhotes, ambos os pais participam ativamente da alimentação e cuidados com a prole
- **Alimentação** Frutas, insetos, sementes e pequenos vertebrados; são conhecidas por serem oportunistas na busca por alimento, explorando diferentes recursos disponíveis em seu hábitat

AVES
Apterygiformes

Kiwi ↳

O kiwi é uma ave não voadora originária da Nova Zelândia. Possui um corpo pequeno e arredondado, coberto por penas ásperas e com coloração marrom ou acinzentada. Seu pescoço é longo e fino, terminando em um bico comprido e curvado. Os kiwis são conhecidos por suas asas reduzidas e ausência de cauda visível. Aves noturnas e solitárias, são excelentes corredores e possuem uma ótima audição e olfato. Passam a maior parte do tempo procurando comida no solo, utilizando seu bico longo para buscar insetos, vermes e frutas. O kiwi é uma das aves mais incomuns do mundo, e além de não voar, é conhecido por seus ovos grandes em relação ao tamanho do seu corpo. Também é um símbolo nacional da Nova Zelândia, sendo retratado em moedas e selos do país.

Apteryx
- **Família** *Apterygidae*
- **Tamanho** Medem de 25 a 45 cm de altura e pesam de 1,5 a 3,5 kg
- **Hábitat** Habitam principalmente florestas temperadas e subtropicais da Nova Zelândia; são encontrados em diversas regiões, desde florestas densas até áreas montanhosas e planícies costeiras
- **Reprodução** São aves monogâmicas e o acasalamento ocorre durante a primavera; a fêmea coloca apenas um ovo de tamanho desproporcional em relação ao seu corpo, que é incubado pelo macho; a incubação dura cerca de 70 a 85 dias, sendo um dos períodos de mais longos entre as aves
- **Alimentação** Insetos, vermes, frutas e sementes; utilizam seu longo bico para farejar o solo em busca de alimentos

AVES
Passeriformes

Mainá ↘

O mainá é uma ave de porte médio, medindo aproximadamente 25 cm de comprimento. Possui um corpo robusto e plumagem preta brilhante. Sua cabeça é distintiva, com um bico em tom forte de amarelo e olhos amarelos brilhantes. Além disso, possui uma crista na parte de trás da cabeça e uma área nua de pele azul ao redor dos olhos. Os mainás são conhecidos por serem aves sociáveis e inteligentes. Vivem em grupos e são excelentes imitadores de sons, capazes de reproduzir uma variedade, incluindo a fala humana. São ativos durante o dia e passam a maior parte do tempo procurando por alimentos. Além disso, eles têm um comportamento territorial, defendendo seu território com vocalizações altas e exibição de comportamento agressivo.

Gracula religiosa
- **Família** *Sturnidae*
- **Tamanho** Mede entre 25 e 30 cm de comprimento
- **Hábitat** São encontrados em várias partes da Ásia, incluindo Índia, Sri Lanka, Nepal e Bangladesh; habitam uma variedade de espaços, como florestas, áreas arborizadas, jardins e até mesmo áreas urbanas
- **Reprodução** Durante a temporada de reprodução, os mainás constroem ninhos em cavidades de árvores; a fêmea geralmente coloca de 3 a 5 ovos e ambos os pais se revezam na incubação; os filhotes são alimentados pelos pais até que estejam prontos para deixar o ninho
- **Alimentação** Frutas, insetos, néctar e pequenos vertebrados; são considerados onívoros e se adaptam facilmente a diferentes fontes de alimentos disponíveis em seu ambiente

AVES
Galiformes

Pavão ↘

O pavão é uma ave conhecida por sua beleza exuberante. Os machos são maiores do que as fêmeas e apresentam uma cauda longa e colorida, composta por penas chamadas de "olhos", que podem ser abertas em forma de leque durante exibições de cortejo. As penas do pavão macho são predominantemente azuis e verdes, com manchas em tons de dourado, enquanto as fêmeas têm uma cor mais discreta, em tons de marrom. Ambos os sexos possuem uma coroa de penas na cabeça e um corpo robusto. São aves diurnas e arborícolas, passando grande parte do tempo no solo, mas também são habilidosas a subir em árvores. São sociais e geralmente encontradas em pequenos grupos. Durante a época de acasalamento, os machos exibem suas caudas em espetáculos elaborados para atrair as fêmeas, podendo atingir cerca de 1,5 a 2 metros de comprimento, o que corresponde a duas vezes o tamanho do seu corpo. Os pavões até conseguem voar após correr para ganhar impulso, mas fazem um voo desajeitado.

Pavo cristatus
- **Família** *Phasianidae*
- **Tamanho** Os pavões machos podem atingir cerca de 100 a 120 cm de comprimento, incluindo a cauda, enquanto as fêmeas são um pouco menores, medindo cerca de 90 cm
- **Hábitat** Florestas tropicais, savanas e campos abertos; também são frequentemente vistos em áreas próximas a assentamentos humanos, como parques e jardins
- **Reprodução** Após o acasalamento, a fêmea deposita de 3 a 8 ovos em um ninho construído no solo; ela é responsável pela incubação, que dura aproximadamente 28 dias, enquanto o macho defende o território
- **Alimentação** Frutas, sementes, brotos, flores, insetos, vermes e répteis pequenos

AVES
Pelecaniformes

Pelicano ↓

Ave aquática de grande porte, o pelicano é conhecido por seu bico longo e bolsa extensível na parte inferior. Existem diferentes espécies de pelicanos, mas, em geral, possuem plumagem branca, com algumas áreas em tons de cinza ou marrom e asas grandes. Seu bico é largo, adaptado para a captura de peixes, apresenta uma bolsa elástica que pode ser inflada para armazenar e transportar suas presas. As pernas curtas e fortes são adaptadas para a natação e o pouso em áreas rochosas. São aves sociáveis e geralmente vivem em colônias, especialmente durante a época de reprodução. Também são aves aquáticas e passam a maior parte do tempo em corpos d'água, como lagos, rios, lagoas e áreas costeiras. São excelentes nadadores e mergulhadores, utilizando as asas e os pés para se movimentarem na água. Uma característica marcante dos pelicanos é a forma como pescam em grupo: nadam juntos em linha, cercando os cardumes de peixes e, em seguida, mergulham com seus bicos abertos para capturá-los.

Pelecanidae
- **Família** *Pelecanidae*
- **Tamanho** Varia de acordo com a espécie, mas podem medir entre 1,2 e 1,8 m de comprimento, com uma envergadura de asas que varia de 2,5 a 3,5 m
- **Hábitat** Lagos, lagoas, pântanos, rios e áreas costeiras; podem ser encontrados em regiões tropicais, subtropicais e temperadas ao redor do mundo
- **Reprodução** As fêmeas depositam de 1 a 4 ovos, que são incubados pelos pais; ambos os pais se revezam para incubar os ovos e cuidar dos filhotes, alimentando-os com peixes regurgitados
- **Alimentação** Peixes, anfíbios, tartarugas, crustáceos, insetos, aves e mamíferos

AVES
Sphenisciformes

Pinguim-imperador ↘

Aves marinhas adaptadas à vida no ambiente aquático, possuem um corpo compacto e aerodinâmico, coberto por penas densas e impermeáveis, que ajudam a manter a temperatura corporal e proteger contra a água fria. Suas asas são modificadas em nadadeiras, que os ajudam a nadar com agilidade debaixo d'água. Assim, os pinguins são aves não voadoras. As cores da plumagem variam entre as espécies, mas geralmente incluem preto, branco e cinza. Os pinguins também possuem patas curtas e fortes, que são adaptadas para caminharem e se equilibrarem no gelo. São conhecidos por sua habilidade de nadar e mergulhar em busca de comida, podendo ir a profundidades de até 300 metros e permanecerem submersos por vários minutos. Para se protegerem da água fria, também possuem uma camada de gordura especializada abaixo da pele, que atua como isolante térmico.

Aptenodytes forsteri
- **Família** *Spheniscidae*
- **Tamanho** Varia dependendo da espécie; o pinguim-imperador, por exemplo, é o maior de todos, podendo chegar a cerca de 1,2 m de altura
- **Hábitat** São encontrados apenas no Hemisfério Sul, habitando principalmente regiões polares, como a Antártida e as ilhas ao redor
- **Reprodução** Os machos incubam o único ovo enquanto as fêmeas vão em busca de alimento; após a eclosão, a fêmea retorna para alimentar o filhote, enquanto o macho parte para se alimentar
- **Alimentação** Aves carnívoras, com alimentação baseada principalmente em peixes e krill (pequenos crustáceos); são excelentes caçadores subaquáticos e usam suas nadadeiras para guardar-se e capturar suas presas enquanto nadam

AVES
Trogoniformes

Pharomachrus mocinno
- **Família** Trogonidae
- **Tamanho** 35 a 40 cm de comprimento, incluindo a cauda longa
- **Hábitat** Habita principalmente as florestas tropicais de montanha da América Central, preferindo altitudes elevadas entre 1.200 e 3.000 m
- **Reprodução** As fêmeas constroem ninhos em ocos de árvores; põem de 1 a 2 ovos, que são incubados tanto pelo macho quanto pela fêmea por cerca de 18 a 19 dias.
- **Alimentação** Frutas, como figos, bagas e abacates, além de insetos, sementes e pequenos vertebrados

Quetzal ↘

Ave exótica e colorida, famosa por sua plumagem deslumbrante, possui um corpo pequeno e compacto, com cerca de 35 a 40 cm de comprimento, apresentando um verde brilhante, com tons de azul e vermelho na parte inferior e cauda longa. Os machos têm plumagem mais chamativa, com uma cauda em penas distintivas que se estendem para além do corpo. É encontrada principalmente em florestas tropicais de montanhas da América do Norte e Central, como México, Guatemala, Costa Rica e Panamá. É uma espécie arborícola e passa a maior parte do tempo nas copas das árvores, onde se alimenta e nidifica. São conhecidos por seu voo ágil e rápido entre as árvores, apesar de suas longas caudas. É considerada uma ave sagrada em muitas culturas antigas da América Central, como os maias e astecas. Sua plumagem era altamente valorizada e usada em ornamentos e roupas cerimoniais.

AVES
Passeriformes

Sabiá-laranjeira ↘

Considerado um dos pássaros mais conhecidos e amados do Brasil, o sabiá-laranjeira é reconhecido como um símbolo nacional da fauna brasileira. Tem esse nome por possuir um círculo laranja em torno dos olhos. O sabiá-laranjeira possui uma plumagem predominantemente marrom-avermelhada no dorso e cauda, com o peito alaranjado e uma mancha branca na garganta. Os machos possuem um canto melodioso e distinto, frequentemente ouvido durante as primeiras horas da manhã, e sua melodia é apreciada por muitas pessoas, frequentemente incluída em poesias, canções e no folclore brasileiro. Os ninhos do sabiá-laranjeira são construídos em árvores, sendo feitos de ramos e forrados com materiais macios, como musgo e folhas.

Turdus rufiventris
- **Família** Turdidae
- **Tamanho** Cerca de 23 cm de comprimento
- **Hábitat** Florestas, matas ciliares, áreas arborizadas e até mesmo em áreas urbanas, como parques e jardins; nativo da América do Sul, especialmente do Brasil
- **Reprodução** Formam pares monogâmicos durante a época de reprodução; os ninhos são construídos em árvores, geralmente em galhos ou arbustos, e são feitos de ramos e materiais vegetais, como musgo e folhas; a fêmea põe de 2 a 4 ovos, que são incubados por cerca de 13 a 15 dias
- **Alimentação** Frutas, como figos, bananas e bagas, além de insetos, larvas, minhocas e outros pequenos animais

AVES
Piciformes

Tucano ↘

Os tucanos são aves coloridas e exuberantes, conhecidas por seus bicos longos em cores vibrantes. Eles variam em tamanho, com algumas espécies medindo cerca de 40 centímetros de comprimento, enquanto outras podem chegar a mais de 60 centímetros. Possuem plumagem geralmente preta com manchas e faixas em cores brilhantes, como laranja, amarelo e vermelho. Seu bico é grande, podendo ser amarelo, laranja, vermelho ou verde. São aves arborícolas e passam a maior parte do tempo nas copas das árvores. São muito ágeis e habilidosos em seus voos curtos e rápidos. Costumam se reunir em grupos e são conhecidos por suas vocalizações distintas. O bico dos tucanos, apesar de sua aparência impressionante, é relativamente leve. É composto por uma estrutura oca de queratina, que é coberta por uma camada de pele. O tamanho e as cores vibrantes do bico dos tucanos têm um papel importante na comunicação e no cortejo. Os machos costumam exibi-lo durante o acasalamento, balançando a cabeça e emitindo sons.

Ramphastos spp
- **Família** *Ramphastidae*
- **Tamanho** Comprimento médio de 40 a 60 cm, incluindo o comprimento do bico
- **Hábitat** São encontrados em florestas tropicais e úmidas da América Central e do Sul; habitam áreas arborizadas, incluindo florestas primárias e secundárias, bem como áreas de borda de floresta
- **Reprodução** Constroem seus ninhos em cavidades de árvores; a fêmea geralmente coloca de 2 a 4 ovos, que são incubados por ambos os pais
- **Alimentação** Frutas, além de insetos, ovos de outras aves e pequenos vertebrados

AVES
Ciconiiformes

Tuiuiú ↘

O tuiuiú é uma ave pernalta, considerada uma das maiores aves voadoras da América do Sul. É um símbolo do Pantanal, uma das maiores áreas úmidas do mundo. Conhecida por sua aparência imponente e elegante, é também um dos ícones da fauna brasileira. Apresenta plumagem predominantemente branca, com penas pretas nas asas e na extremidade da cauda. Seu pescoço, em parte alaranjado, e pernas são longos, já o bico é comprido e robusto, geralmente amarelo ou preto. Os ninhos do tuiuiú são construídos em árvores altas, geralmente feitos de galhos e gravetos, e podem ter até 2 metros de diâmetro. A espécie é conhecida por suas vocalizações distintas, emitindo sons graves e ressonantes durante a época de reprodução.

Jabiru mycteria
- **Família** Ciconiidae
- **Tamanho** Altura média de 1,4 a 1,5 m, com uma envergadura de asas de cerca de 2,5 m
- **Hábitat** Encontrado em áreas alagadas, como pântanos, rios, lagos e áreas de várzea; comum no Pantanal brasileiro, mas também pode ser visto em outros países da América do Sul, como Argentina, Bolívia e Paraguai
- **Reprodução** A fêmea geralmente põe de um a cinco ovos, que são incubados por ambos os pais
- **Alimentação** Peixes, mas também inclui anfíbios, crustáceos, répteis, aves aquáticas e outros animais aquáticos que se encontram em seu hábitat; sua estratégia de alimentação envolve procurar presas nas águas rasas e capturá-las com seu longo bico

AVES
Cathartiformes

Urubu-rei

O urubu-rei é uma ave de rapina de grande porte. Sua plumagem é predominantemente preta, com uma cor branca na base das asas e no pescoço. Tem uma cabeça nua e avermelhada, com um bico robusto e curvo. É uma ave necrófaga, o que significa que se alimenta principalmente de carcaças de animais mortos. É considerado um importante limpador do ecossistema, ajudando a controlar a disseminação de doenças ao se alimentar de matéria em decomposição. É conhecido por sua habilidade de planar por longas distâncias, utilizando as correntes de ar quente para economizar energia durante o voo. Passa a maior parte do tempo voando à procura de alimento e utiliza sua excelente visão para localizar carcaças. Seu sistema digestivo é adaptado para lidar com as bactérias e toxinas presentes na carne em decomposição. Ao encontrar uma carcaça, os urubus-rei frequentemente aguardam que outras aves necrófagas menores a abram antes de se alimentarem, devido ao seu bico menos adaptado para rasgar carnes frescas.

Sarcoramphus papa
- **Família** *Cathartidae*
- **Tamanho** Tem uma envergadura de asas de cerca de 1,7 a 2 m e mede de 67 a 81 cm de comprimento
- **Hábitat** Florestas, savanas, áreas abertas e regiões montanhosas; pode ser encontrado desde o sul do México até a Argentina, abrangendo uma ampla área geográfica
- **Reprodução** A fêmea normalmente põe de 1 a 3 ovos
- **Alimentação** Ave necrófaga, alimentando-se principalmente de carcaças de animais mortos

PEIXES

Os peixes são considerados o grupo mais antigo e diversificado entre os vertebrados. Desde o milagre da multiplicação dos peixes por Cristo no Mar da Galileia, eles se tornaram símbolos do conhecimento, da vida e da cristandade. Ao analisar os indícios da deriva continental, que é a teoria sobre o deslocamento das massas na superfície da Terra, podemos compreender quando e como vieram os primeiros registros de seres aquáticos, há mais de 440 milhões de anos, durante a existência do supercontinente Pangeia.

A evolução dos peixes pode ser dividida em três períodos principais. O primeiro é o Ordoviciano, conhecido pela presença de diversos invertebrados marinhos. Nesse período, os peixes ainda não possuíam dentes e nadadeiras, e os primeiros peixes cartilaginosos surgiram aproximadamente há 430 milhões de anos, durante o período Siluriano. Eles coexistiram com recifes de corais e plantas vasculares, desenvolvendo mandíbulas e predominando nos oceanos. O período seguinte, denominado Devoniano, foi marcado pelos tubarões, que se tornaram os predadores mais famosos dos mares. Além disso, os peixes ósseos também apareceram nessa época, juntamente com os eixos esqueléticos. A partir deste ponto, ocorreu uma evolução adicional na natureza. Antes, a reprodução dos animais era possível apenas na água, mas no Carbonífero, graças ao desenvolvimento do ovo amniótico, os primeiros pássaros, mamíferos e répteis tentaram explorar o meio terrestre, reproduzindo-se em terra e originando os primeiros anfíbios. Desde então, os peixes continuaram evoluindo e se multiplicando em milhares de espécies. Neste guia, destacamos alguns dos peixes presentes nas águas de rios e oceanos do planeta.

Os peixes são vertebrados aquáticos que desempenham todas as suas funções vitais na água, incluindo alimentação, crescimento, respiração e excreção (urina e fezes). Eles são ectotérmicos, o que significa que não conseguem regular sua temperatura interna e, portanto, têm a mesma temperatura da água em que vivem. Possuem corpos revestidos por escamas, placas ósseas ou couro, nadadeiras para locomoção, brânquias para respirar e apenas duas cavidades cardíacas. Sua anatomia é fascinante e adaptada para a vida aquática. Em termos gerais, possuem diferentes formatos, tamanhos e cores. São cobertos por escamas que fornecem proteção, mas também existem os peixes de couro, e os que possuem a pele coberta por escudos ósseos. São divididos em osteíctes, como a traíra, o robalo, a corvina, entre outros; e cartilaginosos (condrictes), como tubarões, arraias e quimeras. Suas nadadeiras desempenham um papel crucial na locomoção, sendo especializadas de acordo com a função. As nadadeiras peitorais e pélvicas são usadas para a estabilidade e manobrabilidade, enquanto as nadadeiras dorsal e anal ajudam no controle vertical e direcional. A nadadeira caudal, também conhecida como cauda, é responsável pela propulsão e fornece a maior parte da potência de natação.

Internamente, os peixes possuem um sistema de órgãos adaptado à vida aquática. Seus órgãos protegidos são as brânquias, que permitem a troca gasosa, absorvendo oxigênio da água e eliminando dióxido de carbono. Além disso, possuem um sistema circulatório fechado, com um coração de duas câmaras que bombeia o sangue, levando oxigênio e nutrientes para o corpo. A bexiga natatória, um órgão cheio de gás, ajuda na flutuabilidade dos peixes, permitindo que ajustem sua posição na água. A anatomia dos peixes é adaptada às suas necessidades, garantindo sua sobrevivência e sucesso no ambiente marinho e de água doce.

Os peixes apresentam uma ampla variedade de formatos adaptados aos seus hábitats específicos. Alguns têm corpos alongados e hidrodinâmicos, como os tubarões, que são encontrados principalmente em ambientes marinhos. Outros, como as arraias, têm corpos achatados e nadadeiras largas, permitindo que se movam suavemente nas águas rasas. Há também peixes com corpos comprimidos lateralmente, como os peixes-palhaço, que habitam recifes de coral. Além disso, existem peixes de formas mais peculiares, como os peixes-agulha, com corpos finos e alongados, e os peixes-lua, com corpos em formato de disco. A diversidade de formatos dos peixes reflete a sua adaptação aos diferentes habitats, garantindo sua sobrevivência e eficiência na captura de alimentos e na evasão de predadores. A posição da boca é um aspecto fundamental e está diretamente relacionada aos seus hábitos alimentares. A maioria apresenta a boca localizada na parte anterior do corpo, permitindo que capturem alimentos de forma eficiente. Os peixes com boca frontal são predadores. Por outro lado, os herbívoros possuem uma boca mais estreita e ajustada para baixo, adaptada para pastar em vegetações aquáticas. Fora isso, algumas espécies possuem a boca voltada para cima, como é o caso dos peixes que se alimentam na superfície da água.

O sistema respiratório dos peixes possui boca, brânquias ou guelras, fenda opercular e opérculos. Eles têm um sistema adaptado para a vida natural, permitindo-lhes obter oxigênio na água. A maioria respira através de brânquias, estruturas especializadas localizadas nas laterais da cabeça. Estas são compostas por filamentos finos, onde ocorre a troca de gases entre o sangue do peixe e a água circundante. À medida que a água passa pelas brânquias, o oxigênio é absorvido pelo sangue, enquanto o dióxido de carbono é liberado para o ambiente. Esse processo é conhecido como respiração branquial. Além da respiração branquial, certas espécies de peixes pulmonados possuem pulmões primitivos, que permitem respirar ar atmosférico quando a água em que vive está pobre em oxigênio. Essa habilidade é possível graças à presença de um órgão chamado pulmão labiríntico, que se desenvolve a partir de uma estrutura presente na bexiga natatória. Os peixes pulmonados são geralmente encontrados em ambientes como pântanos, lagoas e áreas alagadas. Essa adaptação permite sobreviver em condições desfavoráveis e explorar diferentes habitats aquáticos. O coração dos peixes está localizado na região anterior do corpo, logo atrás das brânquias. Ele desempenha um papel fundamental no sistema circulatório desses animais aquáticos. É um órgão muscular composto por duas câmaras principais: o átrio e o ventrículo. A circulação do sangue nos peixes ocorre em um circuito único, em que o coração recebe apenas sangue rico em gás carbônico. O sangue entra no átrio, passa para o ventrículo e segue em direção às brânquias, onde é oxigenado e levado para os tecidos do corpo. Ali, ocorre a troca de gases e o sangue é oxigenado, retornando ao átrio cardíaco. A linha lateral é um dos sistemas sensoriais mais importantes presente na maioria das espécies de peixes ósseos. Consiste em uma linha perceptível que percorre o comprimento do corpo, geralmente na região lateral. Essa linha é formada por uma série de pequenos poros ou tubos conectados a células sensoriais chamadas de "neuromastos". A linha lateral tem a capacidade de detectar mudanças na pressão e nas correntes de água ao redor do peixe, permitindo-lhe perceber os movimentos e sentir na água. Isso tem um papel fundamental na orientação, comunicação, detecção de presas e predadores, além de ajudar na estabilização e no equilíbrio durante a natação. Os peixes possuem um corpo hidrodinâmico e musculatura especializada que lhes permite mover-se eficientemente na água. A propulsão é alcançada através da ondulação rítmica do corpo e da cauda. As outras nadadeiras, como as peitorais, pélvicas e dorsais, auxiliam no equilíbrio, na estabilidade e na direção. Os músculos que movem as nadadeiras são organizados em pares antagonistas, permitindo movimentos coordenados e efetivos. Além disso, muitas espécies são capazes de ajustar a forma de suas nadadeiras e a frequência de exibição de acordo com a velocidade e a direção desejada, conferindo-lhes maior controle sobre sua locomoção. A maioria das espécies de peixes apresenta reprodução externa. Os machos geralmente liberam seus espermatozóides, e as fêmeas liberam seus óvulos simultaneamente. Após a fertilização, os ovos são deixados à deriva na água ou depositados em locais específicos, como plantas aquáticas ou ninhos construídos pelos pais. Alguns peixes, como os salmões, migram para áreas específicas de desova, onde ocorre a reprodução em massa. Já em outras espécies, como os vivíparos, os embriões se desenvolvem internamente no corpo da fêmea e são paridos posteriormente. Em certas espécies ainda, pode ocorrer a reprodução hermafrodita, onde um indivíduo possui órgãos reprodutivos masculinos e femininos. Essa condição permite que o peixe mude de sexo ao longo de sua vida, podendo atuar como macho ou fêmea em diferentes momentos. A reprodução é adaptada às condições ambientais, hábitos de vida e necessidades específicas de cada espécie, e essa diversidade de estratégias reprodutivas contribui para a riqueza e variedade de vida aquática nos ecossistemas aquáticos. Segundo a forma de nascimento dos filhotes, os peixes são classificados em: ovíparos (os filhotes se desenvolvem fora do corpo da mãe, dentro do ovo), vivíparos (os filhotes se desenvolvem dentro do corpo da mãe recebendo diretamente dela os nutrientes) e ovovivíparos (combinação das duas formas, isto é: os filhotes se desenvolvem dentro do ovo e dentro do corpo da mãe; ao nascer, os filhotes saem do ovo).

PEIXES
Perciformes

Atum ↘

Os atuns são peixes de grande porte, com corpos fusiformes e aerodinâmicos. Possuem nadadeiras bem desenvolvidas, que lhes conferem grande velocidade e agilidade na água. Suas cores variam de acordo com a espécie, podendo ser azul-esverdeada, azul-escura ou prateada. Possuem um sistema de termorregulação que lhes permite manter uma temperatura corporal acima da temperatura da água. Peixes oceânicos e pelágicos (que habitam longe do fundo do oceano), são conhecidos por nadar livremente em águas abertas, ao invés de se ligarem a habitats específicos, como recifes de coral ou leitos marinhos. São conhecidos também por suas grandes migrações em busca de alimento e reprodução.

Thunnus albacares (atum-amarelo), *Thunnus alalunga* (atum-rabilho) e *Thunnus thynnus* (atum-azul)
- **Família** *Scombridae*
- **Tamanho** Varia de acordo com a espécie; o atum-amarelo, por exemplo, pode atingir 2 m de comprimento, enquanto o atum-azul pode chegar a mais de 4 m
- **Hábitat** Oceanos tropicais e temperados ao redor do mundo
- **Reprodução** Ocorre por meio da liberação de ovos fertilizados na água; os ovos se desenvolvem em larvas que passam por um estágio pelágico antes de se transformarem em juvenis
- **Alimentação** Peixes, lulas e crustáceos

PEIXES
Gadiformes

Bacalhau ↘

Gadus morhua
- **Família** *Gadidae*
- **Tamanho** Pode atingir até 1,5 m de comprimento
- **Hábitat** Encontrado em regiões de águas frias, principalmente no Oceano Atlântico Norte, incluindo o Mar do Norte e o Mar da Noruega; é comum encontrá-lo em áreas próximas a plataformas continentais, onde encontra seu alimento
- **Reprodução** Espécie ovípara, ou seja, a reprodução ocorre pela liberação de óvulos e espermatozoides na água; a desova geralmente ocorre durante o inverno, em áreas de águas mais frias e profundas
- **Alimentação** Peixe carnívoro, se alimenta principalmente de crustáceos, moluscos e outros peixes menores

O bacalhau é um peixe de corpo alongado e escamas pequenas. Possui uma cor que varia entre o cinza e o verde-oliva no dorso, tornando-se mais clara na região ventral. Apresenta uma mandíbula proeminente e uma barbatana caudal bifurcada. Pode atingir até 1,5 m de comprimento e pesar até 40 kg. O bacalhau é uma espécie migratória, realizando grandes deslocamentos em busca de áreas de reprodução e alimentação. Durante o inverno, migra para águas mais profundas e frias, enquanto no verão, pode ser encontrado em regiões costeiras. É um peixe de hábitos gregários, formando grandes cardumes. Conhecido por ser de grande importância comercial, é amplamente consumido em várias partes do mundo. Sua carne é considerada saborosa e versátil na culinária. Uma curiosidade interessante é que o bacalhau passa por um processo de salga e secagem antes de ser comercializado, o que contribui para a sua conservação e sabor característico.

PEIXES
Perciformes

↙ Barracuda

Sphyraena barracuda
- **Família** *Sphyraenidae*
- **Tamanho** Podem chegar a 1,8 m de comprimento e pesar até 45 kg
- **Hábitat** Águas tropicais e subtropicais, em diferentes habitats marinhos, como recifes de coral, estuários, lagunas e áreas costeiras
- **Reprodução** ovípara, liberando seus ovos na água
- **Alimentação** Peixes menores, como sardinhas, anchovas e outros peixes de cardume; possuem uma técnica de emboscada, atacando suas presas com velocidade e precisão

A barracuda é um peixe alongado, com um corpo cilíndrico e esbelto. Possui uma mandíbula proeminente, repleta de dentes pontiagudos. Suas cores variam do prateado ao verde-azulado, com faixas escuras verticais ao longo do corpo. É um peixe predador, ágil e de grande velocidade. Conhecido por suas habilidades de caça, usando sua velocidade e dentes vigilantes para capturar presas, como peixes menores. São peixes solitários ou que formam pequenos grupos. Considerada uma das mais ferozes e agressivas espécies marinhas, a barracuda desfere ataques rápidos e violentos, capazes de capturar presas maiores que elas próprias. Também são capazes de pular fora d'água durante a caça.

PEIXES
Cypriniformes

Carpa ↘

A carpa é um peixe de corpo alongado, com escamas grandes e barbilhões sensíveis na boca. Suas cores podem variar, com tons de cinza, marrom, dourado ou laranja. Algumas variedades de carpas possuem formatos diferentes, tendo barbatanas e corpos longos e distintos. São peixes de água doce que geralmente vivem em lagos, rios e lagoas. Conhecidos por sua resistência e adaptabilidade, podendo se adaptar a diferentes tipos de ambientes aquáticos. Elas são frequentemente criadas em cativeiro para pesca esportiva, mas também podem ser encontradas em habitats selvagens. São valorizadas tanto como peixes ornamentais quanto como alimento. Conhecidas por sua longevidade e habilidade de crescer rapidamente. Além disso, as carpas são consideradas símbolos de boa sorte e proteção em algumas culturas.

Cyprinus carpio
- **Família** *Cyprinidae*
- **Tamanho** Pode variar dependendo da espécie e das condições de criação; em geral, elas podem atingir de 30 a 120 cm de comprimento e pesar mais de 30 kg
- **Hábitat** São originárias da Ásia, mas se espalharam por diversas partes do mundo; preferem águas calmas, como lagos, lagoas e rios de fluxo lento a moderado
- **Reprodução** São peixes ovíparos, ou seja, se reproduzem através da liberação de ovos fertilizados na água; a reprodução ocorre geralmente na primavera, quando a temperatura da água está adequada; fêmeas podem produzir milhares de ovos de uma só vez, que são fertilizados pelos machos
- **Alimentação** Consomem principalmente matéria vegetal, como algas, plantas aquáticas e sementes; podem se alimentar de pequenos invertebrados, larvas, insetos e até mesmo outros peixes jovens

PEIXES
Characiformes

Dourado ↙

O peixe dourado possui um corpo alongado e comprimido lateralmente, apresentando uma coloração amarelo-dourado a verde-oliva. Sua boca é grande e possui dentes afiados e perigosos. É um peixe predador e agressivo, encontrado em rios de água doce, como os rios Paraná, Paraguai e São Francisco. Ele habita principalmente áreas de corredeiras e remansos, onde encontra uma maior oferta de alimento. É conhecido por ser um dos peixes mais fortes e difíceis de fisgar. Durante a pesca esportiva, ele demonstra uma grande resistência e velocidade, realizando saltos acrobáticos impressionantes. Essas características tornam a pesca do dourado um desafio emocionante para pescadores esportivos.

Salminus brasiliensis
- **Família** Characidae
- **Tamanho** Pode atingir mais de 1 m de comprimento e pesar mais de 25 kg, sendo considerado um peixe de grande porte
- **Hábitat** Encontrado em rios de água doce
- **Reprodução** A desova ocorre em áreas de corredeiras, onde os ovos são fertilizados externamente; os filhotes se alimentam de pequenos organismos aquáticos até atingirem a maturidade
- **Alimentação** Peixe carnívoro, se alimentando principalmente de peixes, crustáceos e aves aquáticas que estão nadando na superfície da água

PEIXES
Anguiliformes

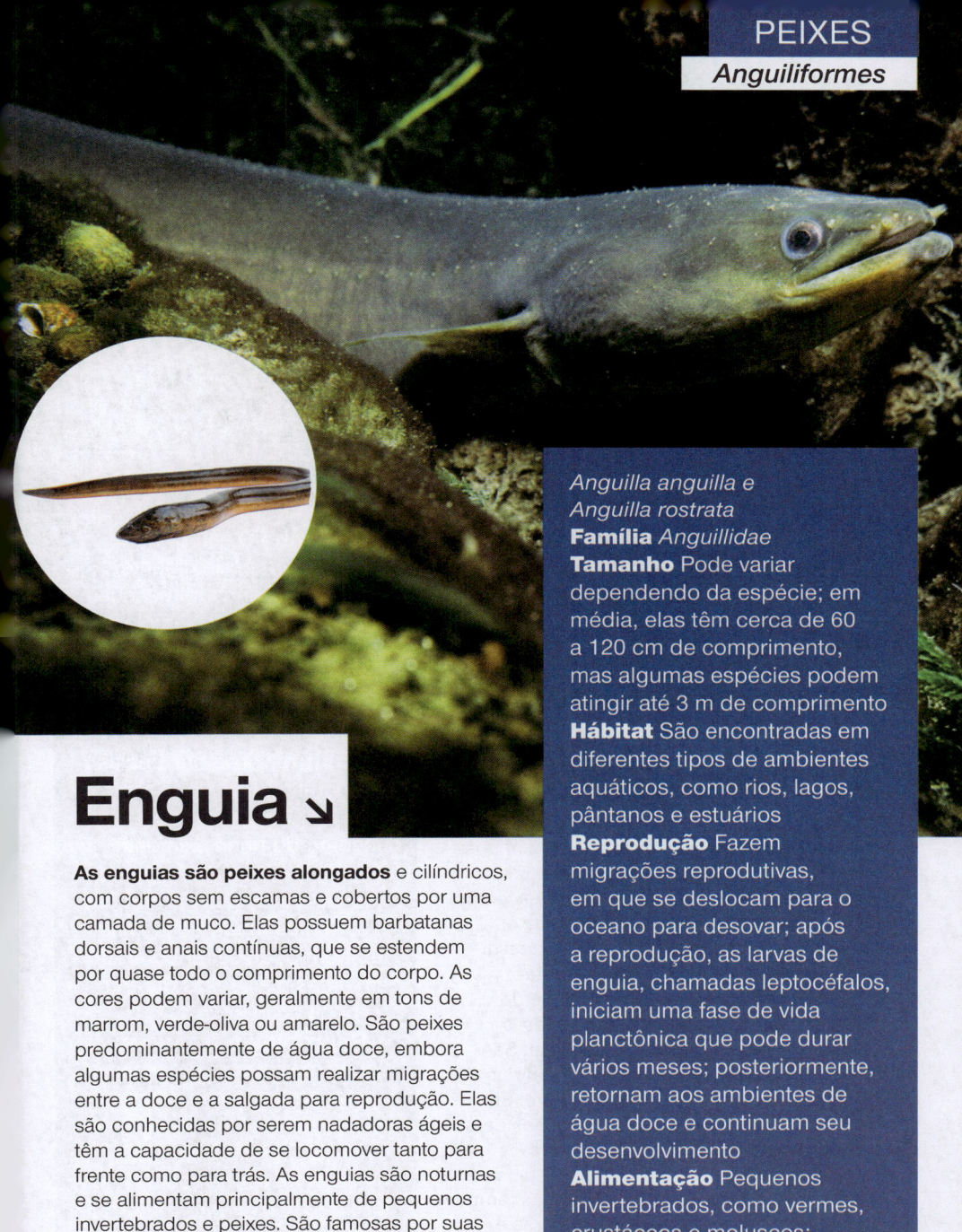

Enguia ↳

As enguias são peixes alongados e cilíndricos, com corpos sem escamas e cobertos por uma camada de muco. Elas possuem barbatanas dorsais e anais contínuas, que se estendem por quase todo o comprimento do corpo. As cores podem variar, geralmente em tons de marrom, verde-oliva ou amarelo. São peixes predominantemente de água doce, embora algumas espécies possam realizar migrações entre a doce e a salgada para reprodução. Elas são conhecidas por serem nadadoras ágeis e têm a capacidade de se locomover tanto para frente como para trás. As enguias são noturnas e se alimentam principalmente de pequenos invertebrados e peixes. São famosas por suas migrações surpreendentes, nas quais viajam grandes distâncias para desovar em áreas específicas. Além disso, são conhecidas por sua capacidade de escapar de ambientes secos, rastejando sobre o solo úmido ou até mesmo escalando pequenos obstáculos.

Anguilla anguilla e *Anguilla rostrata*
Família Anguillidae
Tamanho Pode variar dependendo da espécie; em média, elas têm cerca de 60 a 120 cm de comprimento, mas algumas espécies podem atingir até 3 m de comprimento
Hábitat São encontradas em diferentes tipos de ambientes aquáticos, como rios, lagos, pântanos e estuários
Reprodução Fazem migrações reprodutivas, em que se deslocam para o oceano para desovar; após a reprodução, as larvas de enguia, chamadas leptocéfalos, iniciam uma fase de vida planctônica que pode durar vários meses; posteriormente, retornam aos ambientes de água doce e continuam seu desenvolvimento
Alimentação Pequenos invertebrados, como vermes, crustáceos e moluscos; podem consumir peixes pequenos e se adaptam a uma ampla variedade de presas disponíveis em seu hábitat

| PEIXES |
| *Acipenseriformes* |

Esturjão-beluga ↵

O esturjão-beluga é conhecido por ser um dos maiores peixes de água doce do mundo. Ele possui um corpo alongado, coberto por escamas ósseas e uma cor geralmente acinzentada ou marrom-escura. Sua cabeça é grande e possui uma boca protrátil, adaptada para capturar suas presas. Uma característica marcante do esturjão-beluga são suas enormes e valiosas ovas, utilizadas para a produção de caviar. São peixes migratórios e geralmente vivem em rios que deságuam nos mares Cáspio e Negro. Eles são conhecidos por suas longas migrações para desovar em águas mais rasas. Durante essas migrações, podem percorrer grandes distâncias. Além disso, são peixes de água doce, mas também podem ser encontrados em águas salobras e marinhas. O esturjão-beluga é considerado uma espécie em perigo de extinção devido à pesca excessiva e à degradação do seu hábitat. Pode viver por mais de 100 anos e atingir dimensões impressionantes, chegando a mais de 7 metros de comprimento e pesando mais de uma tonelada.

Huso huso
- **Família** Acipenseridae
- **Tamanho** O esturjão-beluga é um peixe gigante, podendo alcançar dimensões impressionantes; exemplares adultos geralmente têm entre 4 e 7 m de comprimento, mas há relatos de indivíduos ainda maiores
- **Hábitat** Nativo das bacias hidrográficas do Mar Cáspio e do Mar Negro, sendo encontrado principalmente em rios de água doce; prefere habitats com águas profundas e correntes moderadas, mas também pode ser encontrado em áreas mais rasas durante a época de desova
- **Reprodução** Ocorre em águas mais rasas, próximas à costa; em época de desova, as fêmeas liberam seus ovos e os machos liberam o esperma, ocorrendo a fertilização externa
- **Alimentação** Peixes, como salmão, enguias e arenques; podem se alimentar de crustáceos e moluscos encontrados em seu hábitat

PEIXES
Pleuronectiformes

Linguado ↘

O linguado possui um corpo achatado e assimétrico, adaptado para viver no fundo do mar. Ambos os olhos estão localizados do mesmo lado do corpo, geralmente no lado esquerdo. Suas cores variam para se camuflar com o ambiente, apresentando tons de marrom, cinza e verde. É um peixe bentônico, ou seja, vive geralmente enterrado na areia ou lama. Durante o dia, costuma ficar imóvel no fundo, caçando à noite. O linguado é um peixe interessante por sua adaptação ao ambiente marinho e suas habilidades de camuflagem. Sua forma achatada e sua capacidade de alterar a cor o tornam um mestre nessa arte, permitindo-lhe se misturar perfeitamente com o fundo do mar e surpreender suas presas. Além disso, eles são conhecidos por realizar migrações muito longas.

Paralichthys spp (diferentes espécies de linguado possuem nomes científicos específicos)
- **Família** Paralichthyidae
- **Tamanho** Varia de acordo com a espécie, mas em geral eles podem atingir até cerca de 60 cm de comprimento
- **Hábitat** São encontrados em águas costeiras e estuários, preferindo fundos de areia, lama ou cascalho; podem ser encontrados em diferentes profundidades, desde águas rasas até áreas mais profundas
- **Reprodução** Ocorre no mar, onde os ovos são liberados e fertilizados externamente; após o período de incubação, os ovos eclodem e as larvas começam a se desenvolver
- **Alimentação** Pequenos peixes, crustáceos, moluscos e vermes que vivem no fundo do mar

PEIXES
Characiformes

Pacu ↘

Piaractus spp
- **Família** *Characidae*
- **Tamanho** Podem atingir até 1 m de comprimento e pesar mais de 25 kg
- **Hábitat** São encontrados em várias regiões da América do Sul, incluindo as bacias amazônicas e do Rio Paraná; preferem águas de temperatura amena a quente e habitats com vegetação aquática
- **Reprodução** Ocorre durante a estação chuvosa; os ovos são depositados em áreas com vegetação densa e os filhotes eclodem após alguns dias
- **Alimentação** Frutas, sementes, folhas e outros materiais vegetais presentes na água; podem consumir pequenos invertebrados e matéria orgânica em decomposição

O pacu é um peixe de água doce que possui um corpo ovalado e comprimido lateralmente. Possui uma boca larga e forte. Suas cores variam entre tons prateados e acinzentados. São peixes de hábitos diurnos e gregários, ou seja, tendem a viver em cardumes. Preferem águas calmas, como rios, lagos e lagoas, geralmente próximas de vegetação exuberante. Uma curiosidade interessante sobre os pacus é a sua preferência por alimentos vegetais. Eles têm uma dentição semelhante à dos herbívoros, com dentes achatados e fortes que são usados para triturar sementes e frutas. Além de peixes populares na pesca esportiva, também são criados em aquicultura devido à sua carne saborosa. Sua dieta herbívora desempenha um papel importante na dispersão de sementes e na manutenção dos ecossistemas aquáticos.

PEIXES
Scorpaeniformes

Peixe-bolha ↘

O peixe-bolha, com sua aparência estranha e emoção únicas, é um exemplo fascinante da diversidade e adaptação da vida marinha. Também conhecido como peixe-gota, é uma espécie que habita as águas profundas das costas da Austrália e da Tasmânia. Ele possui um corpo flácido, sem escamas, e uma pele gelatinosa que lhe confere uma aparência semelhante a uma bolha ou gota d'água. É considerado um dos peixes mais feios do mundo, mas sua aparência peculiar o torna incrivelmente fascinante para os entusiastas da vida marinha. A cor do peixe varia entre tons de marrom e cinza, o que ajuda na camuflagem nas águas escuras em que vive. Seus pequenos e salientes olhos estão localizados no topo da cabeça, permitindo que observe os predadores que se aproximam de cima. É uma espécie de hábitos lentos e sedentários. Devido à sua anatomia pouco desenvolvida, ele não é um nadador ágil e tem dificuldade em se locomover rapidamente.

Psychrolutes marcidus (diferentes espécies de linguado possuem nomes científicos específicos)
- **Família** *Psychrolutes*
- **Tamanho** 30 cm
- **Hábitat** Encontrado em áreas de fundo oceânico, entre 200 e 1.200 m de profundidade nas costas da Austrália e Tasmânia
- **Reprodução** Gera cerca de 80 mil ovos, dos quais somente entre 1% e 2% chegam à idade adulta
- **Alimentação** Crustáceos, moluscos e vermes que habitam o fundo do oceano

PEIXES
Perciformes

Peixe-espada-preto ↘

Aphanopus carbo
- **Família** *Trichiuridae*
- **Tamanho** Cerca de 2 m, com um peso médio em torno de 25 kg
- **Hábitat** Águas oceânicas, preferencialmente em áreas profundas e de temperaturas mais frias; podem ser encontrados em diversas regiões do mundo, incluindo o Oceano Atlântico e o Oceano Índico
- **Reprodução** Pouco se sabe sobre a reprodução específica do peixe-espada-preto, no entanto, como outros peixes da ordem Perciformes, é provável que apresentem reprodução sexuada, com a liberação de ovos fertilizados na água
- **Alimentação** Predador voraz, alimentando-se principalmente de peixes menores e lulas; sua mandíbula forte e dentes abertos permitem que capturem e consumam suas presas de forma eficiente.

O peixe-espada-preto possui um corpo alongado e esbelto, com uma cor predominantemente preta. Apresenta uma mandíbula proeminente e afiada, adaptada para caçar e capturar suas presas. São peixes pelágicos, que habitam principalmente águas profundas e oceânicas, geralmente encontrados em áreas com temperaturas mais frias. São nadadores ágeis e velozes, capazes de realizar migrações de longa distância. São conhecidos por sua habilidade em caçar. Possuem uma nadadeira dorsal longa e afiada, semelhante a uma espada, que utilizam para capturar presas de forma rápida e precisa. Além disso, são peixes de carne saborosa, apreciada em várias culinárias ao redor do mundo, sendo alvo da pesca comercial. Contudo, é importante ressaltar que a pesca desse peixe deve ser feita de forma sustentável para preservar sua população. O peixe-espada-preto é valorizado também pela pesca esportiva, devido à sua força e resistência durante a captura.

PEIXES
Stomiiformes

Peixe-lanterna-das-profundezas ↘

O peixe-lanterna-das-profundezas é um exemplo fascinante da herança dos seres vivos que habitavam os extremos das águas profundas. Sua capacidade de produzir luz própria é essencial para sua sobrevivência. Ele possui órgãos luminosos chamados fotóforos distribuídos pelo seu corpo, que emitem uma luz bioluminescente utilizada para comunicação, camuflagem e atração de presas. Além disso, esses peixes possuem uma boca grande e dentes afiados como vidro, adaptados para capturar pequenos organismos. Desempenham um papel importante no ecossistema oceânico, como elo na cadeia alimentar. Seu corpo alongado e comprimido lateralmente tem uma cor escura e translúcida. Possui olhos grandes e opacos, adaptados para captar a luz interna pelos órgãos luminosos presentes em seu corpo. Essa espécie é encontrada em regiões oceânicas profundas, onde a luz solar não chega. Durante o dia, tende a nadar em profundidades de 400 a 1.000 metros, migrando para níveis mais altos durante a noite em busca de comida. São animais solitários e discretos.

Photoblepharon palpebratum
- **Família** Stomiidae
- **Tamanho** 15 a 25 cm
- **Hábitat** Águas oceânicas profundas, geralmente em regiões onde a luz solar não penetra; podem ser encontrados em várias partes do mundo, principalmente em áreas de grandes profundidades
- **Reprodução** Acredita-se que apresenta reprodução sexuada, com a liberação de ovos na água para fertilização externa
- **Alimentação** Pequenos organismos, como plâncton, crustáceos e peixes menores

PEIXES
Perciformes

Peixe-palhaço ↘

Ele ganhou fama no filme Procurando Nemo. Os peixes-palhaço são conhecidos por sua aparência colorida e marcante, além de sua relação única com as anêmonas. Sua presença nos recifes de coral é um espetáculo visual, e esses peixes desempenham um papel importante na saúde e equilíbrio desses ecossistemas marinhos. Além disso, sua forma de reprodução e mudança de gênero ao longo da vida adicionam um fascínio adicional a essas criaturas encantadoras: todos os peixes-palhaço são inicialmente machos e, à medida que crescem, alguns deles se tornam fêmeas. Apresentam um corpo pequeno e comprimido lateralmente, com cores vibrantes e listras distintas. Possui uma relação simbiótica com anêmonas, onde se abriga e se protege de predadores.

Existem cerca de 30 espécies diferentes de peixes-palhaço, variando em tamanho, padrão de cores e distribuição geográfica. Esses peixes geralmente vivem em colônias, sendo animais sociais que estabelecem uma autoridade dentro do grupo. O peixe-palhaço é territorial, e defende sua área de alimentação e reprodução.

Amphiprioninae
- **Família** *Pomacentridae*
- **Tamanho** 7 e 15 cm de comprimento, mas algumas espécies podem atingir até 18 cm
- **Hábitat** Recifes de coral no Oceano Pacífico e no Oceano Índico; vivem em associação com anêmonas, que oferecem proteção e abrigo
- **Reprodução** Ocorre em grupo; a fêmea deposita os ovos em uma superfície adequada próxima às anêmonas e o macho os fertiliza
- **Alimentação** Pequenos crustáceos, plâncton e restos de comida que caem nas anêmonas

PEIXES
Perciformes

Peixe-papagaio ↘

Os peixes-papagaio são conhecidos por suas cores vibrantes e padrões ornamentais. Possuem uma mandíbula superior proeminente e dentes em forma de bico, que se assemelham ao bico de um papagaio, daí o nome. São peixes de tamanho médio a grande, com corpos robustos e escamas coloridas. Alguns peixes-papagaio possuem uma protuberância na testa chamada "coroa". São peixes tropicais que habitam recifes de coral e áreas rochosas, desempenhando um papel importante na saúde desses ecossistemas, pois se alimentam de algas que podem sufocá-los. São animais diurnos e sociais, geralmente formando grupos em torno das áreas de alimentação. Costumam ser territoriais e defendem seus territórios contra intrusos. São nadadores ágeis e podem ser vistos explorando o recife em busca de alimentos. Eles possuem dentes especializados que permitem que raspem as algas das rochas e dos corais. Além disso, são conhecidos por sua capacidade de alterar sua aparência e cor para se camuflarem ou se destacarem em seu ambiente. Alguns peixes-papagaio também são capazes de produzir um protetor de muco ao redor de seus corpos, a fim de evitar a infestação de parasitas.

Scaridae - existem várias espécies de peixes-papagaio, cada uma com seu nome científico específico
- **Família** *Scaridae*
- **Tamanho** 20 e 50 cm de comprimento
- **Hábitat** Vivem em recifes de coral e áreas rochosas tropicais, principalmente nas regiões do Oceano Índico e do Oceano Pacífico
- **Reprodução** Envolve a liberação de ovos e espermatozoides na água, onde ocorre a fertilização externa, os ovos são planctônicos, flutuando na coluna de água até eclodirem em larvas que se tornam parte do plâncton marinho antes de se estabelecerem em recifes de coral
- **Alimentação** Algas marinhas encontradas em rochas e corais; seu bico especializado permite raspar as algas dos substratos, confiante para a manutenção do equilíbrio ecológico nos recifes de coral

PEIXES
Beloniformes

Peixe-voador

O grupo dos peixes-voadores é composto por cerca de 70 espécies distribuídas em 7 gêneros. Esses peixes são famosos por sua capacidade de planar através do ar por curtas distâncias. São frequentemente vistos pulando fora d'água e planejando em grupos, criando um espetáculo incrível. Os peixes-voadores possuem corpos alongados e aerodinâmicos, com barbatanas peitorais muito evoluídas, que funcionam como asas durante o voo. Suas barbatanas caudais são bifurcadas, e suas mandíbulas são repletas de pequenos dentes indiferentes. A maioria das espécies apresenta cores brilhantes e padrões marcantes, tornando-os visualmente atrativos. Os peixes-voadores são animais pelágicos, o que significa que vivem na coluna d'água ao invés de habitar o fundo do oceano.

Varia de acordo com a espécie
- **Família** *Exocoetidae*
- **Tamanho** Varia de acordo com a espécie podendo alcançar comprimentos de até 45 cm, enquanto as menores podem medir apenas alguns centímetros
- **Hábitat** Mares tropicais e subtropicais de todo o mundo
- **Reprodução** As fêmeas liberam seus ovos na água, onde são fertilizados pelos espermatozoides liberados pelos machos
- **Alimentação** Pequenos crustáceos e plâncton; para obter seu alimento, eles podem pular da água e planar próximo à superfície, capturando suas presas durante o voo

PEIXES
Characiformes

Piranha ↘

Peixes carnívoros de água doce encontrados principalmente nos rios da América do Sul, as piranhas são animais gregários e costumam formar cardumes numerosos. Têm porte médio a grande, e possuem corpo alongado em formato hidrodinâmico, que reduz o atrito com a água, proporcionando uma melhor movimentação no ambiente. Possuem mandíbulas fortes e dentes adaptados para morder e rasgar a carne de suas presas. Estima-se que a força de mordida de algumas espécies de piranhas pode chegar a cerca de 30 vezes o seu próprio peso corporal, o que é impressionante para um peixe de tamanho relativamente pequeno. A maioria dos ataques de piranhas em seres humanos foi registrada na região da Amazônia. Isso se deve principalmente a situações específicas, como quando há um ferimento que atrai a atenção desses peixes ou quando há presença de sangue na água. Suas cores variam entre tons de prateado, cinza e dourado, com alguns padrões escuros nas laterais do corpo. O caldo de piranha é apreciado no Pantanal e na Amazônia como uma iguaria típica das comunidades locais.

Existem várias espécies de piranhas, cada uma com seu próprio nome científico, como Serrasalmus sp. e Pygocentrus sp.
- **Família** Characidae
- **Tamanho** 15 a 30 cm
- **Hábitat** São encontradas principalmente em rios e lagos de água doce na América do Sul, como a bacia amazônica e os rios Paraná e Orinoco
- **Reprodução** A reprodução das piranhas ocorre na época das chuvas, quando os níveis de água aumentam
- **Alimentação** Peixes, crustáceos, insetos, aves, pequenos mamíferos e até mesmo carcaças em decomposição

PEIXES
Rajiformes

Raia ↘

Você também pode ter ouvido falarem "arraia". Porém, trata-se da mesma espécie marinha de corpo achatado e discoide (em forma de disco), com nadadeiras que parecem asas. Elas possuem um esqueleto cartilaginoso, pele lisa e geralmente são cobertas por espinhos dérmicos. Algumas espécies de raia apresentam um longo apêndice caudal, conhecido como "espinho de cauda". As raias são geralmente encontradas em ambientes marinhos, embora algumas espécies também possam habitar águas salobras ou água doce. Elas são nadadoras ágeis e podem realizar movimentos graciosos no fundo do mar. Muitas raias são bentônicas, o que significa que vivem no fundo do oceano, onde se alimentam e se camuflam. Algumas espécies têm uma habilidade única de gerar eletricidade, utilizando órgãos elétricos localizados na região da cabeça. Isso lhes permite detectar presas e se defender de predadores.

Varia de acordo com as espécies; por exemplo, a raia-manta tem o nome científico *Manta birostris*
- **Família** Diversas famílias, como Dasyatidae (raias verdadeiras) e Mobulidae (raias-manta)
- **Tamanho** Varia de acordo com a espécie; enquanto algumas espécies são relativamente pequenas, com alguns centímetros de comprimento, outras, como a raia-manta, podem alcançar dimensões impressionantes, chegando a ter envergadura de mais de 7 m
- **Hábitat** Diversas regiões do mundo, desde águas tropicais até temperadas; preferem habitats costeiros, recifes de coral, estuários e áreas rasas com fundo de areia ou lama
- **Reprodução** Ovípara, depositando seus ovos em casulos que estão posicionados no fundo do mar
- **Alimentação** Crustáceos, moluscos, peixes e até mesmo pequenos organismos bentônicos que vivem no fundo do mar; possuem dentes adaptados para triturar suas presas antes de engoli-las

PEIXES
Salmoniformes

Salmão

Os salmões possuem um corpo alongado e hidrodinâmico, com barbatanas adiposas na parte de trás do corpo. Eles apresentam uma cor prateada na água salgada, e podem adquirir tons avermelhados quando se aproximam da desova. Além disso, os salmões são conhecidos por sua capacidade de nadar contra a correnteza e por sua poderosa musculatura. São peixes migratórios, passando parte de sua vida em água doce e parte em água salgada. Eles realizam longas migrações para se reproduzirem em seus locais de nascimento. Durante seu tempo no oceano, se alimentam intensamente para acumular reservas de energia antes da jornada de volta aos rios. São conhecidos por sua habilidade de pular contra correntezas, superando obstáculos como cachoeiras e quedas d'água. Eles têm um incrível senso de orientação e conseguem retornar ao mesmo rio onde nasceram para desovar, mesmo após anos de migração pelo oceano. O salmão é apreciado na culinária e possui uma carne suculenta e macia, com um sabor característico e delicado. Sua carne apresenta uma cor rosa intensa, que se deve à presença de pigmentos naturais chamados de astaxantina, sintetizados por algas e organismos unicelulares, que são consumidos por camarões. O salmão, por sua vez, é um predador do camarão.

Existem várias espécies de salmão, algumas delas são: Salmo salar (salmão-do-atlântico), Oncorhynchus kisutch (salmão-coho), Oncorhynchus tshawytscha (salmão-rei) e Oncorhynchus nerka (salmão-vermelho)

- **Família** Salmonidae
- **Tamanho** O salmão-do-atlântico pode atingir 1,5 m de comprimento e pesar mais de 30 kg, enquanto outras espécies podem ser menores
- **Hábitat** Encontrados em rios de água doce e em mares e oceanos; nativos do Hemisfério Norte, sendo encontrados em regiões como o Oceano Pacífico e o Oceano Atlântico
- **Reprodução** Os salmões fazem uma jornada de volta aos rios onde nasceram para desovar; as fêmeas escavam ninhos no fundo dos rios, onde depositam seus ovos; após a eclosão, os alevinos passam algum tempo nos rios antes de migrarem para o mar
- **Alimentação** Enquanto estão no oceano, os salmões se alimentam principalmente de pequenos peixes, plâncton e crustáceos; durante a fase de água doce, quando estão nos rios, eles podem se alimentar de insetos, vermes e outros organismos aquáticos

PEIXES
Selachimorpha

Tubarão ↘

Tubarões possuem corpos alongados, nadadeiras peitorais grandes e dentes uniformes. Sua pele é coberta por escamas placoides, conhecidas como dentículos dérmicos, que conferem textura áspera. Podem variar em tamanho, formato e cores, dependendo da espécie. São predadores no topo da cadeia alimentar, e possuem uma grande diversidade de hábitos. Podem ser solitários ou viver em grupos, migrar longas distâncias ou permanecer em áreas específicas. Alguns são bentônicos, habitando o fundo do oceano, enquanto outros são pelágicos, vivendo em águas abertas. Os tubarões são conhecidos por serem predadores ferozes, mas a maioria das espécies não representa uma ameaça significativa para os humanos.

Varia de acordo com a espécie; Carcharodon carcharias (Tubarão-branco), Galeocerdo cuvier (Tubarão-tigre), Rhincodon typus (Tubarão-baleia)
- **Família** *Varia de acordo com a espécie: Lamnidae (família do Tubarão-branco), Carcharhinidae (família dos tubarões-cinzas), Rhincodontidae (família do Tubarão-baleia)*
- **Tamanho** *Varia muito entre as espécies*
- **Hábitat** *Águas costeiras rasas até bloqueios oceânicos; podem ser encontrados em todos os oceanos do mundo*
- **Reprodução** *Alguns são ovíparos, depositando ovos que se desenvolvem externamente; outros são vivíparos, com os embriões se desenvolvendo dentro do corpo da fêmea*
- **Alimentação** *Peixes, crustáceos, moluscos, focas e até mesmo de animais mortos*

PEIXES
Carcharhiniformes

Tubarão-martelo ↘

O tubarão-martelo é conhecido pela sua cabeça distinta em forma de martelo, chamada de "cefalofólio". Possui olhos localizados nas extremidades da cabeça, o que lhe proporciona um amplo campo de visão. Suas cores variam, mas geralmente apresentam tons de cinza ou marrom. São nadadores ágeis e percorrem longas distâncias. Conhecidos por sua capacidade de migração em busca de alimento ou reprodução, os tubarões-martelo são animais solitários e podem ser encontrados em habitats costeiros e oceânicos. O formato da cabeça do tubarão-martelo possui algumas teorias sobre sua função, como melhorar a visão, a habilidade de detecção de presas enterradas no leito marinho e proporcionar manobrabilidade durante a caça. Além disso, algumas espécies de tubarões-martelo são conhecidas por formar grandes cardumes durante a migração.

Sphyrna spp
- **Família** Sphyrnidae
- **Tamanho** 2 a 4 m de comprimento, mas algumas espécies podem atingir até 6 m
- **Hábitat** Águas costeiras rasas até águas oceânicas mais profundas, em regiões tropicais e temperadas de todo o mundo
- **Reprodução** Vivíparos, o que significa que os embriões se desenvolvem dentro do corpo da fêmea antes do nascimento
- **Alimentação** Peixes, lulas, crustáceos e ocasionalmente tartarugas marinhas e pequenos tubarões

PEIXES
Salmoniformes

Truta ↘

A truta possui corpo alongado e esbelto, coberto por escamas. Sua cor varia entre o prateado e o verde-oliva no dorso, com manchas escuras ao longo do corpo. Possui nadadeira adiposa e cauda bifurcada. São peixes de água doce que preferem rios e lagos com águas frias e oxigenadas. São nadadores ágeis e podem saltar pequenas quedas d'água. A truta-arco-íris é uma das espécies de peixes mais populares na pesca esportiva, sendo conhecida por sua resistência e vigor na luta contra o pescador.

Oncorhynchus mykiss
- **Família** Salmonidae
Tamanho 30 a 60 cm de comprimento, mas algumas espécies podem chegar a até 1 m
- **Hábitat** Rios de águas frias e claras
- **Reprodução** A truta-arco-íris realiza desovas em locais de água corrente, onde as fêmeas cavam ninhos no leito dos rios e depositam seus ovos; após a eclosão, os filhotes permanecem no rio por algum tempo antes de iniciar sua migração
- **Alimentação** Insetos aquáticos, pequenos crustáceos, peixes menores e até mesmo de outros peixes juvenis

RÉPTEIS

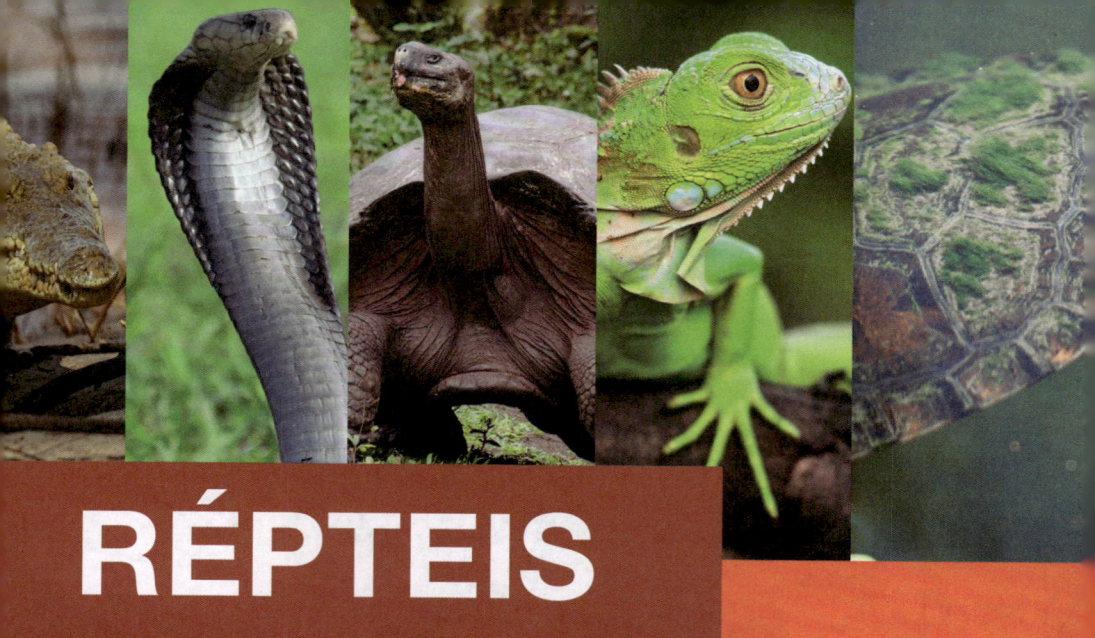

Era uma vez um mundo repleto de criaturas fascinantes, que desafiavam as leis da natureza com sua diversidade e adaptabilidade. Nesse mundo, habitavam os répteis, um grupo de animais intrigantes que desperta a curiosidade e permanece no planeta por sua história evolutiva única e suas características distintivas.

Os répteis, pertencentes à classe Reptilia, são os verdadeiros pioneiros da vida terrestre. Surgiram há mais de 310 milhões de anos, durante o período Carbonífero, quando ancestrais anfíbios primitivos decidiram explorar os vastos territórios áridos e se estenderam além das águas. Essa jornada os levou a desenvolverem uma série de imunidades que os distinguem até hoje. Com suas escamas resistentes, protegem-se contra a perda de água e desidratação, permitindo-lhes explorar uma grande variedade de ambientes, desde as selvas úmidas até as paisagens desérticas. E é justamente essa diversidade de habitats que abriga uma miríade de espécies de répteis, cada uma com suas próprias peculiaridades e encantos.

Apresentamos a seguir algumas dessas espécies que povoam nosso mundo fascinante. Entre elas, encontramos as majestosas tartarugas, cujas carapaças protetoras nos remetem aos tempos antigos, quando répteis gigantescos vagavam pela Terra. Elas podem ser encontradas tanto em ambientes aquáticos quanto terrestres, sendo verdadeiros sobreviventes que desafiam o tempo. As cobras, por sua vez, despertam mistério e medo com sua habilidade de deslizar sorrateiramente pelos terrenos. Elas vêm em todas as formas e tamanhos, desde as pequenas e ágeis até as grandes e poderosas. Com seus olhares penetrantes e presas afiadas, são mestres da caça, capazes de engolir suas presas inteiras, desafiando nossa compreensão sobre os limites da natureza. Os lagartos, com suas escamas coloridas e corpos ágeis, são verdadeiros camaleões das terras. Alguns podem escalar árvores com habilidade surpreendente, enquanto outros preferem se esconder sob as rochas, observando o mundo com olhos atentos. Essas criaturas versáteis têm uma dieta variada, podendo ser herbívoras, carnívoras ou onívoras, adaptando-se aos recursos disponíveis em seu hábitat. E, claro, não podemos nos esquecer dos crocodilos, as feras ancestrais que habitam rios e pântanos. Estes gigantes pré-históricos são dotados de força e astúcia, capazes de lançar-se velozmente sobre suas presas, e estão entre os predadores mais temidos do reino animal. Sua anatomia impressionante, com dentes diferenciados e armadura natural, revela a história evolutiva que remonta a milhões de anos.

Curiosidades surpreendentes permeiam o universo dos répteis. Por exemplo, sabia que algumas espécies de lagartos podem regenerar suas caudas perdidas? Ou que as tartarugas marinhas podem atravessar oceanos inteiros em suas épicas jornadas migratórias? Essas criaturas escondem segredos incríveis e habilidades que desafiam a nossa imaginação. No entanto, para respirar, os répteis têm suas próprias estratégias. Ao contrário dos mamíferos, que têm pulmões flexíveis e respiram continuamente, os répteis têm pulmões rígidos e respiram por movimentos sutis de expansão e contração do tórax. Além disso, alguns, como as tartarugas marinhas, podem extrair oxigênio diretamente da água através de glândulas especiais. Em relação à alimentação, os répteis são adaptados às necessidades de seus respectivos hábitats. Enquanto as tartarugas herbívoras desfrutam de uma dieta baseada em plantas aquáticas, as cobras se alimentam de presas vivas, como roedores e aves, e os crocodilos são especialistas em capturar peixes e outros animais aquáticos.

Os répteis são verdadeiros sobreviventes, testemunhas de eras passadas e protagonistas de histórias de aventura que ecoam ao longo dos tempos. Esses animais misteriosos e resilientes devem ser compreendidos, não apenas por sua importância ecológica, mas também por sua capacidade de nos maravilhar e inspirar com sua diversidade e adaptabilidade ao mundo ao nosso redor. Continue nesta jornada de descoberta enquanto mergulhamos nos fascinantes mistérios escamosos dos répteis.

RÉPTEIS
Testudines

Cágado-amarelo ↳

Acanthochelys radiolata
- **Família** *Chelidae*
- **Tamanho** 15 a 20 cm e peso entre 300 e 500 g
- **Hábitat** Endêmico do Brasil, ocorre em rios, brejos, restingas e lagoas da Mata Atlântica nos estados Alagoas, Sergipe, Bahia, Espírito Santo, Rio de Janeiro e Minas Gerais; prefere águas de baixa correnteza e represas com fundo lodoso
- **Reprodução** Ninhada varia de 1 a 8 ovos, com postura em covas rasas na areia; as fêmeas construem seus ninhos sob as vegetações, camuflando os ovos com as folhas para protegê-los da luz solar
- **Alimentação** Vermes, moluscos, insetos, anfíbios aquáticos e peixes

O cágado-amarelo é notável por sua aparência distinta e por ser endêmico do Brasil, sendo encontrado apenas em algumas áreas restritas do país. Possui um casco oval e achatado, com um sulco vertebral, sendo mais largo na parte de trás do que na frente. Tem uma variedade de cores com estrias e manchas que variam de marrom ao preto. Os espécimes adultos têm a primeira e quinta vértebras mais largas do que alongadas. A cauda é curta e tem uma cor verde oliva. Além disso, eles têm uma cabeça pequena e um pescoço longo e flexível. A espécie é encontrada em lagoas com fundo mole e vegetação aquática abundante.

RÉPTEIS
Squamata

Camaleão ↙

Chamaeleonidae
- **Família** *Chamaeleonidae*
- **Tamanho** Algumas espécies podem medir apenas alguns centímetros, enquanto outras podem chegar a mais de 60 cm de comprimento, incluindo a cauda
- **Hábitat** Regiões tropicais e subtropicais, como florestas tropicais, savanas e áreas arborizadas
- **Reprodução** Ovíparos ou ovovivíparos; as fêmeas produzem uma ninhada por ano, de 5 a 45 ovos, que são enterrados no solo
- **Alimentação** Insetos, como grilos, gafanhotos e besouros, além de pequenos vertebrados, como lagartos e pássaros

O camaleão é um réptil conhecido por sua habilidade de mudar de cor, o que é possível devido a células especiais chamadas cromatóforos. O camaleão não muda de cor para se camuflar apenas, mas também para se comunicar com outros indivíduos e expressar emoções, como agressão, medo ou cortejo. Possui uma língua extensível e pegajosa, sendo uma das mais rápidas do reino animal, que pode ser projetada para fora do corpo em frações de segundo a fim de capturar presas a distâncias surpreendentes. Seus olhos podem se movimentar de forma independente um do outro, permitindo uma visão panorâmica. Possui um corpo alongado e uma cauda preênsil, que auxilia na locomoção e equilíbrio. Sua pele é escamosa e possui uma textura granular. São animais predominantemente arborícolas, passando a maior parte de suas vidas nas copas das árvores. São solitários e territoriais, marcando seus territórios com o uso de glândulas presentes em seu corpo. Algumas espécies de camaleões possuem apêndices em forma de chifres ou cristas na cabeça, usados para exibir-se e intimidar rivais

RÉPTEIS
Squamata

Caninana ↘

Spilotes pullatus
- **Família** Colubridae
- **Tamanho** 1,5 a 2 m
- **Hábitat** América Central e da América do Sul; florestas tropicais, matas ciliares, savanas e até mesmo áreas urbanas
- **Reprodução** As fêmeas constroem ninhos em locais protegidos, como tocas ou sob troncos caídos, e depositam seus ovos ali; o período de incubação pode variar, mas geralmente dura de 60 a 90 dias
- **Alimentação** Ratos e camundongos, mas também pode incluir aves, lagartos e até mesmo outras cobras

A caninana possui um corpo esguio e alongado, com uma cabeça distinta e olhos grandes. Suas cores variadas, geralmente apresentam uma combinação de tons de verde, amarelo e preto. Essas serpentes são diurnas e terrestres, mas também são capazes de escalar árvores com habilidade. São bastante ágeis e rápidas em seus movimentos, o que ajuda na caça e na fuga de predadores. É uma cobra constritora, como a jiboia, o que significa que ela captura suas presas e as envolve em seu corpo para asfixiá-las antes de engoli-las inteiras. Apesar de sua aparência intimidadora, a caninana é tímida e prefere evitar o contato direto com humanos ou outros animais. Elas são solitárias por natureza e tendem a ser mais ativas durante os períodos mais quentes do dia.

RÉPTEIS
Squamata

Cascavel ↘

Crotalus spp
- **Família** *Viperidae*
- **Tamanho** Comprimento médio entre 0,6 e 1,8 m
- **Hábitat** Encontradas principalmente nas Américas, desde o sul do Canadá até a Argentina; habitam diversos tipos de ambientes, como florestas, pradarias, desertos e matagais
- **Reprodução** Vivípara, ou seja, as fêmeas dão à luz filhotes vivos em vez de depositar ovos; o período de gestação varia, mas normalmente dura entre 3 e 9 meses, dependendo da espécie
- **Alimentação** Pequenos mamíferos, como roedores e coelhos; possuem presas ocas e retráteis que injetam veneno em suas presas para imobilizá-las antes de engoli-las inteiras

As cobras cascavéis se caracterizam pela presença de uma cauda com chocalho, composto por segmentos queratinosos. Quando ameaçadas, emitem um som do chocalho característico como forma de advertência. Elas possuem uma cabeça triangular e corpos geralmente robustos. A coloração e padrões de escamas podem variar entre as diferentes espécies. São animais solitários e tendem a ser mais ativos durante o período do ano com temperaturas mais quentes. Elas são conhecidas por serem venenosas e possuem uma mordida potencialmente perigosa. Têm glândulas de veneno especializadas nas presas superiores, usadas para imobilizar suas presas. As cobras cascavéis devem ser tratadas com cautela e respeito, evitando-se o contato próximo e mantendo-se uma distância segura. Em caso de encontro com uma cascavel, é recomendável buscar ajuda de profissionais capacitados em remoção de animais peçonhentos.

RÉPTEIS
Squamata

Cobra-coral-verdadeira ↘

Micrurus spp
- **Família** Elapidae
- **Tamanho** 60 a 120 cm
- **Hábitat** Américas, desde o sul dos Estados Unidos até a América do Sul; habitam florestas tropicais, savanas e áreas úmidas
- **Reprodução** Ovípara, ou seja, as fêmeas depositam ovos que se desenvolvem fora do corpo
- **Alimentação** Pequenos répteis e anfíbios, como lagartos, sapos e rãs

A cobra-coral-verdadeira possui um padrão de cores distintivo, com anéis vermelhos, amarelos e pretos ao longo do corpo. Ela tem uma cabeça triangular e corpo delgado, sendo que algumas espécies possuem uma cauda curta. São cobras venenosas e geralmente possuem hábitos noturnos. Elas tendem a ser mais tímidas e menos agressivas do que outras cobras, vivendo principalmente em ambientes terrestres, mas também podem ser encontradas em árvores e arbustos. A cobra-coral-verdadeira possui um veneno neurotóxico poderoso, capaz de causar paralisia muscular e problemas respiratórios em suas presas. Ao contrário de algumas outras cobras venenosas, esta espécie não é agressiva e prefere fugir em vez de atacar. Também pertence à ordem Squamata, mas ao gênero Lampropeltis, o que a diferencia por não ter todos os anéis completos, apenas os preto e vermelho. A falsa não é venenosa, e imita o padrão de cores da cobra-coral-verdadeira como uma forma de defesa.

RÉPTEIS
Squamata

Cobra-real ↘

Ophiophagus hannah
- **Família** Elapidae
- **Tamanho** 3 a 4 m, mas pode chegar a 5,5 m
- **Hábitat** Encontra-se principalmente em florestas tropicais e áreas de vegetação densa, como selvas, matas e manguezais; pode ser encontrada em regiões da Índia, Sudeste Asiático e Indonésia
- **Reprodução** Ovípara, ou seja, as fêmeas põem ovos; constroem ninhos em locais protegidos, como tocas ou montes de folhas em decomposição
- **Alimentação** Alimenta-se principalmente de outras serpentes, incluindo cobras venenosas e não venenosas, mas também pode caçar mamíferos, como roedores e lagartos

A cobra-real é a maior cobra venenosa do mundo, podendo atingir um comprimento médio de 3 a 4 metros; mas alguns indivíduos podem chegar a 5,5 metros. Possui uma cabeça distinta, triangular e achatada, com escamas sobrelevadas na região craniana. Sua coloração varia entre o marrom, amarelo e verde, com manchas ou faixas pretas ao longo do corpo. É caracterizada por ter presas fixas e extremamente longas, permitindo-lhe injetar grandes quantidades de veneno. A cobra-real é uma espécie predominantemente terrestre, mas também é capaz de subir em árvores. É solitária e territorial, ocupando grandes áreas de caça. Apesar de seu tamanho impressionante e veneno potente, ela é geralmente tímida e evita o contato com humanos. O nome "cobra-real" deriva de sua posição no topo da cadeia alimentar, devido ao seu tamanho e veneno poderoso. É conhecida por sua capacidade de elevar cerca de um terço do seu corpo do chão, mantendo a cabeça erguida para intimidar possíveis predadores. Seu veneno é altamente tóxico e pode causar paralisia muscular, insuficiência respiratória e até mesmo levar à morte.

RÉPTEIS
Squamata

Cobra-rinoceronte ↘

Bitis nasicornis
- **Família** Viperidae
- **Tamanho** 1,2 a 1,5 m e peso de 1,5 a 5 kg
- **Hábitat** Nativas do continente africano e podem ser encontradas em diferentes tipos de habitat, como savanas, florestas, áreas de arbustos e até mesmo regiões desérticas
- **Reprodução** Ovovivípara; as fêmeas geralmente dão à luz entre 10 e 20 filhotes após um período de gestação de aproximadamente 5 meses
- **Alimentação** Pequenos mamíferos, como roedores e musaranhos, além de aves, lagartos e até as mesmas outras serpentes

Essa cobra tem formato proeminente e semelhante a um chifre. Possui um veneno extremamente potente, adaptado para subjugar suas presas. Essa característica distinta é mais pronunciada nos machos, sendo utilizada para competição entre eles durante o acasalamento. Exibe uma coloração variada, geralmente marrom-avermelhada, cinza ou amarelada, com padrões em forma de diamante ou zigue-zague ao longo do corpo. Essas cores e padrões ajudam a camuflar a serpente em seu ambiente natural.

RÉPTEIS
Crocodilia

Crocodilo-de-água-salgada

Crocodylus porosus
- **Família** *Crocodylidae*
- **Tamanho** Machos podem atingir em média 5 a 6 m de comprimento, enquanto as fêmeas são menores, chegando a cerca de 3 a 4 m
- **Hábitat** Regiões costeiras do Sudeste Asiático, norte da Austrália, Índia e outras áreas do Pacífico e Oceano Índico
- **Reprodução** Fêmeas constroem ninhos em áreas protegidas próximas à água, utilizando vegetação e lama para criar montes; os ovos são postos nos ninhos e a incubação ocorre naturalmente, com a temperatura determinando o sexo dos filhotes; os filhotes eclodem após cerca de 80 a 90 dias e são protegidos pelas fêmeas por um período de tempo
- **Alimentação** Peixes, crustáceos, aves, mamíferos e outros répteis; utilizam estratégias de emboscada, ficando imóveis na água e atacando suas presas quando se aproximam, usando sua mordida poderosa para capturá-las

Considerado o maior réptil do mundo, o crocodilo-de-água-salgada é conhecido por ser um dos animais mais agressivos e perigosos do planeta, sendo responsável por ataques fatais a seres humanos. Os machos podem atingir um comprimento médio de 5 a 6 metros, enquanto as fêmeas são um pouco menores, chegando a cerca de 3 a 4 metros. Possui um corpo maciço, com uma cabeça grande e larga, mandíbulas poderosas e dentes afiados. Sua pele é grossa e escamosa, com coloração que varia de marrom escuro ao verde-oliva, permitindo que se camufle facilmente no ambiente. Tem membranas nictitantes nos olhos, que funcionam como uma terceira pálpebra para protegê-los enquanto estão submersos. Possui glândulas de sal em sua língua, permitindo a excreção do excesso de sal no organismo, adaptando-se ao ambiente salino. O crocodilo-de-água-salgada é semiaquático, passando a maior parte do tempo em água salgada, como manguezais, estuários, rios e até mesmo oceanos. É um excelente nadador, utilizando sua cauda longa e musculosa para se deslocar rapidamente na água. Também é capaz de se mover de forma sorrateira e silenciosa quando se aproxima de suas presas. São animais de vida longa, podendo viver por mais de 70 anos.

RÉPTEIS
Crocodylia

Crocodilo-do-nilo ↘

Crocodylus niloticus
- **Família** Crocodylidae
- **Tamanho** Um dos maiores crocodilos do mundo, podendo atingir um comprimento médio de 5 a 6 m e pesar de 400 a 1.000 kg
- **Hábitat** Regiões subsaarianas da África, em rios, lagos, pântanos e estuários
- **Reprodução** Ocorre durante a estação seca, quando os níveis da água diminuem e as fêmeas constroem seus ninhos; depositam de 25 a 80 ovos em montes de vegetação, areia ou lama

Também conhecido como crocodilo-do-egito, é uma das espécies mais emblemáticas dos rios e pântanos africanos. Com sua aparência imponente e poderosa, ele desperta temor e respeito ao mesmo tempo. Seus ancestrais existem há mais de 200 milhões de anos, tornando-o um dos predadores mais antigos do nosso planeta. O crocodilo-do-nilo possui uma estrutura física singular. Seu corpo é alongado e coberto por escamas duras e espessas, que lhes dão proteção e facilitam sua locomoção na água. Suas mandíbulas são poderosas, abrigando dezenas de dentes que são perfeitamente adaptados para agarrar e dilacerar suas presas. Sua cor varia do marrom-escuro ao verde-oliva, o que lhes permite camuflar-se nos ambientes aquáticos e emboscar suas presas com eficiência. Réptil de hábitos semiaquáticos, durante o dia costuma ficar próximo às margens dos rios e lagos, aproveitando o calor do sol para regular sua temperatura corporal. À noite, torna-se mais ativo e parte em busca de comida.

RÉPTEIS
Squamata

Dragão-de-komodo ↘

Varanus komodoensis
- **Família** Varanidae
- **Tamanho** 2 a 3 m de comprimento e podem pesar até 70 kg
- **Hábitat** Endêmico das ilhas de Komodo, Rinca, Flores e Gili Motang, na Indonésia; seu hábitat principal são as florestas tropicais e savanas áridas dessas ilhas, onde se encontram abrigo entre a vegetação densa e as rochas vulcânicas; são excelentes nadadores e podem ser encontrados ao longo das praias e em áreas costeiras
- **Reprodução** Fêmeas depositam de 15 a 30 ovos em ninhos escavados no solo, que são incubados pelo calor natural ou do sol durante cerca de 7 a 8 meses Alimentação Veados, porcos selvagens, cabras, javalis, cavalos, búfalos e aves

O dragão-de-komodo é uma das criaturas mais notáveis e temidas do reino animal. Além de ser o maior lagarto do mundo, possui uma série de características e habilidades únicas que o tornam uma verdadeira maravilha da natureza. São reconhecidos por seu tamanho imponente e aparência pré-histórica. Eles possuem escamas duras e uma pele áspera, com uma cor que varia entre tons de cinza, marrom e verde. Sua mandíbula é repleta de dentes abertos, capazes de dilacerar suas presas. Além disso, possuem uma língua bifurcada e uma cauda longa e musculosa, que utilizam para manter o equilíbrio. Esses magníficos lagartos são predominantemente terrestres, mas também são nadadores habilidosos. São animais solitários e territoriais, passando a maior parte do tempo caçando ou descansando nas áreas ensolaradas de sua ilha nativa. Apesar de sua aparência intimidadora, eles tendem a ser mais ativos durante as primeiras horas da manhã e ao entardecer, evitando o calor do meio-dia.

RÉPTEIS
Squamata

Iguana-de-crista-de-fiji ↘

Brachylophus vitiensis
- **Família** *Iguanidae*
- **Tamanho** 60 a 90 cm de comprimento, incluindo a cauda; machos pesam de 1,5 a 2,5 kg, enquanto as fêmeas variam de 0,7 a 1,5 kg
- **Hábitat** Endêmica das florestas tropicais das ilhas Fiji, onde encontra seu hábitat ideal
- **Reprodução** Fêmeas depositam de 3 a 7 ovos em ninhos escavados em locais protegidos, como montes de folhas ou buracos de árvores; a incubação dos ovos dura aproximadamente 3 a 4 meses
- **Alimentação** Folhas, flores, frutas e brotos

A iguana-de-crista-de-fiji é uma espécie única e exclusiva das ilhas Fiji, tornando-a uma verdadeira alegria da biodiversidade. Sua aparência marcante e comportamento interessante a tornam uma das iguanas mais fascinantes do mundo. Conhecida por sua cor vibrante e crista distinta, sua pele varia de um verde brilhante a um azul intenso, dependendo da idade e do estado emocional do animal. Os machos exibem uma crista proeminente ao longo de seu dorso, que é composta de escamas eretas e coloridas. Essa crista pode ser protegida durante a resiliência social, ou usada para intimidar predadores em potencial. Essas iguanas são diurnas e passam a maior parte do tempo nas árvores, onde se movem habilmente entre os galhos. Elas são animais territoriais e podem ser encontradas defendendo seus territórios com exibições de cristas e vocalizações peculiares. Durante a noite, elas se abrigam em árvores ou em fendas rochosas para evitar predadores. Sua beleza exótica e comportamento único as tornam uma espécie valiosa tanto em termos de conservação quanto de interesse científico.

RÉPTEIS
Squamata

Iguana-do-deserto ↘

Dipsosaurus dorsalis
- **Família** Iguanidae
- **Tamanho** 45 a 61 cm de comprimento, com a cauda correspondendo a cerca de dois terços desse comprimento; costumam pesar entre 0,5 e 1 kg
- **Hábitat** Regiões áridas e semidesérticas da América do Norte, como o sudoeste dos Estados Unidos e norte do México
- **Reprodução** Ocorre durante a primavera e o verão, quando as fêmeas estão prontas para a postura dos ovos; constroem ninhos rasos em áreas ensolaradas e depositam de 3 a 8 ovos, que são incubados durante aproximadamente 70 a 85 dias Alimentação Vegetação, como folhas, brotos, flores e frutas

A iguana-do-deserto é uma criatura notável, adaptada para sobreviver em um ambiente árido e desafiador. Sua capacidade de lidar com temperaturas extremas e sua aparência única tornam essa espécie uma verdadeira maravilha da natureza. Possui uma aparência distinta, com um corpo alongado e coberto por escamas rugosas. Sua cor varia de acordo com o ambiente, podendo ser cinza, marrom ou amarelado, o que lhe permite camuflar-se perfeitamente na paisagem do deserto. Uma característica marcante dessa espécie são as cristas de escamas pontiagudas que percorrem o comprimento de seu corpo e de sua cauda. Essas iguanas são principalmente diurnas, aproveitando as primeiras horas da manhã e as últimas horas da tarde para se alimentarem e se movimentarem. Durante os períodos mais quentes do dia, eles procuram abrigo em tocas ou sob rochas, evitando uma exposição direta ao sol intenso. São animais solitários e territoriais, defendendo suas áreas de alimentação e descanso contra intrusos.

RÉPTEIS
Squamata

Iguana-verde ↘

Iguana iguana
- **Família** *Iguanidae*
- **Tamanho** 1,5 a 2 m de comprimento, incluindo a cauda, e pesam até 6 kg
- **Hábitat** Florestas tropicais e subtropicais da América Central, América do Sul e ilhas do Caribe
- **Reprodução** Machos realizam exibições visuais e comportamentais para atrair as fêmeas, incluindo movimentos de cabeça e exibição de cores vivas; fêmeas constroem ninhos em solo macio ou cavidades de árvores, onde depositam de 20 a 70 ovos; a incubação dura cerca de 85 dias
- **Alimentação** Folhas, flores, brotos e frutas; são especializadas em digerir a celulose presente em plantas, graças a um sistema digestivo adaptado

A iguana-verde é uma das espécies de lagartos mais conhecidas e reconhecidas em todo o mundo. Sua aparência distinta e comportamento fascinante a tornam um verdadeiro ícone da vida selvagem. É um réptil de tamanho impressionante, com um corpo robusto e escamas que variam entre tons de verde brilhante e marrom. Os machos adultos possuem uma crista dorsal proeminente, que se estende desde a nuca até a base da cauda. A cauda é longa e poderosa, permitindo equilíbrio e locomoção ágil entre os galhos das árvores. Essas iguanas são diurnas e passam grande parte do tempo em árvores, onde se aquecem ao sol e se alimentam de folhas e flores. São animais sociais e podem ser encontrados em grupos, especialmente durante a época de acasalamento. Quando se sentem ameaçadas, as iguanas-verdes podem inflar seu corpo, intensificar a crista e emitir assobios para intimidar predadores potenciais.

RÉPTEIS
Testudines

Jabuti-piranga ↳

Chelonoidis carbonaria
- **Família** Testudinidae
- **Tamanho** 35 a 40 cm de comprimento e 30 cm de largura; peso médio de 10 a 15 kg
- **Hábitat** Savana e bordas da floresta em torno da Amazônia brasileira, mas também no Cerrado, Pantanal, Caatinga e Mata Atlântica
- **Reprodução** Ocorre por meio da cópula entre macho e fêmeas; as fêmeas cavam no solo um buraco de até 30 cm de profundidade, onde depositam de 10 a 15 ovos
- **Alimentação** Folhas, frutas, flores, gramíneas, fungos, pequenos vertebrados e invertebrados

O jabuti-piranga é uma das maiores espécies de jabuti, e é encontrado nas matas brasileiras, do Nordeste até o Sudeste. Possui escamas vermelhas nas patas e na cabeça, além de casco vívido, ligeiramente alongado, alto e decorado com um padrão em polígonos de centro amarelo e com desenhos em relevo. Possui uma carapaça alta e abaulada, com placas córneas que se sobrepõem, formando um escudo protetor resistente. Sua cabeça é relativamente pequena, com olhos vivos e uma mandíbula forte, adaptada para a alimentação herbívora. São animais diurnos e preferem uma vida solitária. Gostam de se movimentar lentamente pelo seu hábitat, que pode ser tanto a floresta tropical quanto áreas abertas, como cerrados e campos. O jabuti-piranga é bem adaptado a ambientes secos, pois consegue armazenar água em sua bexiga, permitindo-o resistir a longos períodos de escassez. Eles podem viver por muitas décadas, chegando a ultrapassar os 50 anos de idade quando mantidos em condições ideais.

RÉPTEIS
Crocodilia

Jacaré-americano ↘

Alligator mississippiensis
- **Família** Alligatoridae
- **Tamanho** de 3 a 4 m de comprimento e pesam de 200 a 500 kg
- **Hábitat** Encontrados principalmente em habitats aquáticos de água doce, como pântanos, lagos, rios e lagoas; habitam principalmente as regiões do sudeste dos Estados Unidos, desde a Carolina do Norte até a Flórida e ao longo do Golfo do México
- **Reprodução** A reprodução ocorre durante a primavera e o verão, quando os jacarés constroem ninhos de vegetação em áreas elevadas próximas à água; fêmeas depositam de 30 a 60 ovos em cada ninho e ficam encarregadas da proteção
- **Alimentação** Peixes, anfíbios, tartarugas, aves e mamíferos pequenos que se aproximam da água

O jacaré-americano é uma das espécies de répteis mais conhecidas e emblemáticas das Américas. Sua presença imponente nos pântanos e rios da região o torna um símbolo da vida selvagem e um dos predadores mais formidáveis do continente. Possui um corpo alongado, coberto por escamas ásperas e uma mandíbula poderosa, repleta de dentes. Suas cores variam do marrom-escuro ao verde-oliva, permitindo-lhe camuflar-se habilmente em seu ambiente aquático. Os olhos e narinas são posicionados no topo da cabeça, permitindo que fiquem submersos e ainda observem o que está ao seu redor. Esses jacarés são animais semiaquáticos, passando grande parte do tempo na água. Eles são excelentes nadadores, utilizando suas poderosas caudas para se deslocar rapidamente. Durante o dia, podem ser vistos contemplando o sol nas margens dos rios ou descansando em meio à vegetação. São solitários e territoriais, defendendo seu território contra invasores, especialmente durante a época de reprodução.

RÉPTEIS
Squamata

Lagarto-monitor

Varanus spp
- **Família** Varanidae
- **Tamanho** Espécies menores podem medir cerca de 30 cm, enquanto as maiores, como o lagarto-monitor-de-komodo, podem atingir até 3 m de comprimento e pesar mais de 70 kg
- **Hábitat** Encontrados em diversas regiões do mundo, desde as florestas tropicais da África, Ásia e Oceania até as áreas semidesérticas da Austrália
- **Reprodução** Ocorre através da postura de ovos; as fêmeas constroem ninhos em áreas protegidas, como toca ou buracos, e depositam seus ovos ali
- **Alimentação** Insetos, crustáceos, aracnídeos, miriápodes, moluscos, peixes, anfíbios, répteis, pássaros e mamíferos

Os lagartos-monitores são répteis fascinantes conhecidos por sua aparência imponente e comportamento único. Pertencentes à família Varanidae, eles são reconhecidos como os maiores lagartos do mundo, com algumas espécies alcançando tamanhos e pesos impressionantes. Essas criaturas têm sido objeto de proteção e estudo devido à sua complexa ecologia e habilidades adaptativas. Os lagartos-monitores possuem corpos alongados e musculosos, cobertos por escamas ásperas e protetoras. Sua cabeça é grande, com mandíbulas e dentes fortes. Uma de suas características mais marcantes são suas línguas bifurcadas, que desempenham um papel importante na percepção do ambiente ao detectar cheiros no ar. Além disso, sua cauda longa e musculosa é utilizada para equilíbrio e defesa. Esses lagartos são conhecidos por seu comportamento diurno e suas habilidades de escalada, permitindo-lhes explorar uma ampla gama de habitats, desde florestas tropicais até locais áridos e savanas. Eles são excelentes nadadores e podem percorrer grandes distâncias em busca de alimentos ou parceiros. Os lagartos-monitores são animais solitários e territoriais, marcando seus domínios com feromônios e defendendo-os agressivamente contra intrusos.

RÉPTEIS
Squamata

Naja ↓

As cobras da família Naja são conhecidas por sua capacidade de injetar veneno por meio de presas ocas e retráteis. Elas são reconhecidas por sua postura ameaçadora, levantando a parte anterior do corpo e mostrando uma capa alargada no pescoço. Essa postura é um aviso para possíveis predadores e também serve como uma tática de defesa durante a caça. Najas são serpentes venenosas que possuem uma cabeça distinta, com olhos grandes e escamas que formam um padrão de "óculos" nas laterais. Seu corpo é cilíndrico e pode variar de cor, com tons de marrom, preto e cinza. São predominantemente noturnas, caçando principalmente durante a noite. Durante o dia, procuram abrigo em tocas, buracos ou vegetação densa para evitar o calor intenso. São solitárias e territorialistas, defendendo seu espaço de outras cobras.

Naja spp
- **Família** *Elapidae*
- **Tamanho** Até 2,5 m de comprimento e pesam cerca de 3 a 4 kg
- **Hábitat** África e do sul da Ásia. Habitam desde florestas tropicais e savanas até áreas semiáridas e até as mesmas zonas urbanas
- **Reprodução** A fêmea deposita seus ovos em ninhos feitos em toca ou em buracos no solo; após o período de incubação, que varia de acordo com a temperatura ambiente, os ovos se desenvolvem e as cobras jovens eclodem
- **Alimentação** Pequenos mamíferos, como roedores, aves, lagartos e até mesmo outras cobras; possuem presas ocas que permitem injetar veneno em suas presas, paralisando-as e facilitando a sua ingestão

RÉPTEIS
Squamata

Píton ↴

Pythonidae
- **Família** Pythonidae
- **Tamanho** Algumas espécies podem chegar a medir mais de 6 m de comprimento e pesar mais de 100 kg
- **Hábitat** Diferentes habitats ao redor do mundo, desde florestas tropicais e subtropicais até áreas semiáridas e até mesmo em manguezais; podem ser encontradas nas regiões da África, Ásia e Austrália
- **Reprodução** Ovípara; após o acasalamento, a fêmea põe seus ovos em um ninho, muitas vezes protegidos em toca ou debaixo de vegetação densa; cuida dos ovos até que eles eclodam, fornecendo calor e proteção
- **Alimentação** Pítons são serpentes constritoras, ou seja, matam suas presas por constrição; esmagam-nas, apertando até que elas não consigam mais respirar, e em seguida, as engolem inteiras

A píton é conhecida por ser uma das maiores cobras do mundo. Elas são famosas por sua capacidade de se enrolar em suas presas e asfixiá-las até a morte. Possuem uma habilidade notável de esticar suas mandíbulas, permitindo que engulam presas muito maiores do que o tamanho de suas cabeças. Essas serpentes também têm uma característica especial chamada de "termorrecepção labial", que lhes permite detectar o calor emitido por suas presas. Pítons são cobras robustas e musculosas, com corpos longos e cilíndricos. Elas podem apresentar uma variedade de cores e padrões, dependendo da espécie e do habitat em que vivem. Algumas pítons possuem escamas em forma de quilha, o que lhes confere uma aparência escamosa. Geralmente têm uma cabeça triangular e olhos grandes, adaptados para uma excelente visão noturna. A píton-albina é uma variação de cor, caracterizada por uma falta de pigmentação na pele e nas escamas. Essas cobras possuem uma aparência única e deslumbrante, com um corpo predominantemente branco ou amarelado, olhos vermelhos ou rosa pálidos e padrões suaves e claros. A condição de albinismo na píton é causada por uma mutação genética que afeta a produção de melanina, o pigmento responsável pela cor da pele e das escamas. Devido à falta desse elemento, a píton-albina tem uma cor muito clara, o que a torna visivelmente diferente das pítons comuns.

RÉPTEIS
Squamata

Sucuri ↓

A sucuri é uma das maiores serpentes do mundo, conhecida por sua habilidade de se adaptar a diferentes ambientes aquáticos, como rios, pântanos e áreas alagadas. Ela é uma das cobras mais famosas e temidas da América do Sul. Uma curiosidade interessante é que uma sucuri é capaz de engolir presas inteiras que podem ser até mesmo maiores do que seu próprio diâmetro. Cobras robustas e musculosas, possuem corpos cilíndricos e escamas grandes. Variam do marrom-escuro ao verde-oliva, com manchas escuras ao longo do corpo. Essas serpentes têm uma cabeça larga e achatada, adaptadas para capturar e engolir suas presas. As sucuris são serpentes semiaquáticas, passando a maior parte do tempo em ambientes aquáticos. São nadadoras ágeis e podem se locomover tanto na água como em terra firme. Durante o dia, elas se escondem em áreas de vegetação densa próximas à água, e à noite, saem em busca de comida.

Eunectes spp
- **Família** Boidae
- **Tamanho** Reconhecidas por seu tamanho impressionante; podem atingir comprimentos que variam de 4 a 8 m, sendo as fêmeas geralmente maiores que os machos; o peso pode ultrapassar os 100 kg
- **Hábitat** Regiões tropicais da América do Sul, como a Floresta Amazônica, o Pantanal e a região do Cerrado; habitam uma variedade de ambientes aquáticos, incluindo rios, lagos, pântanos e áreas alagadas
- **Reprodução** Ovovivípara, o que significa que os ovos se desenvolvem dentro do corpo da fêmea até o momento da eclosão; pode dar à luz de 20 a 40 filhotes por vez
- **Alimentação** Cobras constritoras, ou seja, capturam suas presas envolvendo seus corpos ao redor delas e apertando-as até que parem de respirar; se alimentam principalmente de mamíferos aquáticos, como capivaras, peixes e até mesmo jacarés

RÉPTEIS
Testudines

Tartaruga-aligátor ↘

Macrochelys temminckii
- **Família** *Chelydridae*
- **Tamanho** Pode atingir um peso de até 100 kg; o tamanho médio varia de 60 a 80 cm
- **Hábitat** Rios e lagos de água doce da América do Norte, como os sistemas fluviais dos Estados Unidos e do México
- **Reprodução** Ovípara; o número de ovos pode variar de 20 a 50 por ninhada
- **Alimentação** Peixes, anfíbios, crustáceos, moluscos e até mesmo outras tartarugas; são caçadoras habilidosas e usam sua mandíbula poderosa para capturar suas presas

A tartaruga-aligátor é uma das maiores e mais impressionantes espécies de tartarugas do mundo. Ela é conhecida por sua aparência pré-histórica e pelo seu poderoso e largo maxilar, capaz de aplicar fortes mordidas. Além disso, essa tartaruga possui uma língua rosa brilhante que se assemelha a uma minhoca, atraindo peixes e outras presas aquáticas. Tem um casco robusto e escuro, que pode atingir um comprimento de até 80 centímetros. Seu corpo é volumoso e achatado, com uma cabeça grande e musculosa. A cor do corpo varia entre tons de marrom e verde-oliva, o que ajuda a camuflar-se em seu ambiente aquático. Essas tartarugas são principalmente aquáticas e passam a maior parte do tempo em rios, lagoas e pântanos. Elas são excelentes nadadoras e têm uma capacidade única de permanecer submersas por longos períodos de tempo. Embora sejam principalmente aquáticas, também podem ser encontradas em terra para se aquecer ao sol ou para fazer a postura de seus ovos.

RÉPTEIS
Testudines

Tartaruga-de-casco-mole ↘

A **tartaruga-de-casco-mole** é uma espécie fascinante e única de tartaruga. Diferente de outras, ela possui um casco flexível e mole, composto por uma carapaça de couro. Esse casco flexível permite que ela se mova de forma mais ágil e rápida em ambientes aquáticos. Além disso, possuem um longo pescoço que pode se estender para fora do casco para respirar enquanto permanece parcialmente submersa. A tartaruga-de-casco-mole tem um corpo achatado e redondo, e suas cores variam de tons de marrom a verde-oliva, o que a ajuda a se camuflar no ambiente aquático. Seu casco mole é composto por ossos e cartilagens, tornando-o mais flexível e adaptável a diferentes ambientes. Em algumas culturas, especialmente no leste da Ásia, a tartaruga-do-casco-mole é considerada uma iguaria e é consumida como alimento. Na China, por exemplo, o ensopado de tartaruga com frango é um prato apreciado e valorizado.

Trionychidae
- **Família** Trionychidae
- **Tamanho** 30 a 80 cm de comprimento e peso entre 2 e 30 kg
- **Hábitat** América do Norte, África e Ásia; preferem habitats aquáticos de água doce, como rios de correnteza moderada, lagos e pântanos
- **Reprodução** Fêmeas escavam ninhos rasos nas margens dos corpos de água e depositam seus ovos ali; após a postura, são deixados para incubação natural
- **Alimentação** Peixes, crustáceos, moluscos e insetos aquáticos

RÉPTEIS
Testudinata

Tartaruga-gigante-das-galápagos ↘

Chelonoidis nigra
- **Família** *Testudinidae*
- **Tamanho** Alguns exemplares adultos podem atingir mais de um metro de comprimento e pesar mais de 400 kg
- **Hábitat** Ilhas Galápagos
- **Reprodução** Ovíparos; a incubação pode levar vários meses
- **Alimentação** Cactos, frutas, folhas e musgos

A tartaruga-gigante-das-galápagos é uma das espécies mais emblemáticas e impressionantes das Ilhas Galápagos, localizadas no Oceano Pacífico. Essas ilhas vulcânicas únicas fornecem o cenário perfeito para que essas tartarugas desenvolvessem suas características distintas ao longo de milhares de anos. Curiosamente, a tartaruga-gigante-das-galápagos é conhecida por seu tamanho impressionante e sua longevidade incrível. Esses gigantes do mundo animal são considerados as maiores tartarugas terrestres do planeta, podendo chegar a 400 kg. Em termos de hábitos, são predominantemente terrestres, embora também sejam capazes de nadar. Durante o dia, elas se movem lentamente em busca de alimentos e lugares para descansar. No entanto, durante a noite, elas se tornam mais ativas, aproveitando a temperatura amena para explorar seu território.

RÉPTEIS
Testudines

Tartaruga-marinha ↘

As tartarugas-marinhas podem viver por muitas décadas, e algumas espécies têm uma expectativa de vida de mais de 100 anos! Além disso, elas realizam migrações, percorrendo longas distâncias entre seus locais de alimentação e desova. Esses animais também são capazes de retornar ao local onde nasceram para depositar seus ovos. Seus corpos são cobertos por escamas e têm uma concha resistente, que oferece proteção contra predadores. Suas nadadeiras em formato de remo permitem um deslize gracioso e ágil nas águas. Essas criaturas também têm pulmões e, portanto, precisam subir à superfície para respirar.

Varia dependendo da espécie. Entre as mais conhecidas, temos a Chelonia mydas (tartaruga-verde), a Caretta caretta (tartaruga-cabeçuda), a Eretmochelys imbricata (tartaruga-de-pente), a Dermochelys coriacea (tartaruga-de-couro) e a Lepidochelys olivacea (tartaruga-oliva)
• **Família** Cheloniidae e Dermochelyidae. A família Cheloniidae inclui as tartarugas-marinhas de casco duro, como a tartaruga-verde e a tartaruga-cabeçuda. Já a família Dermochelyidae abriga uma tartaruga-de-couro, que possui uma carapaça com características distinta
• **Tamanho** 1 a 2 m de comprimento; o peso pode ultrapassar os 900 kg
• **Hábitat** Recifes de coral, pradarias submarinas e águas costeiras
• **Reprodução** Fêmeas saem do mar e buscam praias específicas para depositar seus ovos
• **Alimentação** Algas marinhas, crustáceos e medusas

RÉPTEIS
Testudines

Tartaruga-mary-river ↓

Elusor macrurus
- **Família** *Chelidae*
- **Tamanho** 30 a 40 cm de comprimento; pesam de 2 a 6 kg
- **Hábitat** São encontradas exclusivamente na região de Mary River, em Queensland, na Austrália
- **Reprodução** Fêmeas escavam ninhos em locais adequados nas margens do rio e depositam cerca de 10 a 30 ovos; o período de incubação dura em torno de 60 a 90 dias
- **Alimentação** Plantas aquáticas, algas e alguns insetos aquáticos

A tartaruga-mary-river é uma espécie única e fascinante que habita os rios e riachos do leste da Austrália. Ela foi descoberta em 1873, mas só ganhou atenção global recentemente. Uma das características mais notáveis da tartaruga Mary River é sua aparência única. Ela possui uma série de algas verdes que habitam em seu casco, conferindo-lhe uma aparência "cabeluda". Essas algas não prejudicam a tartaruga, mas adicionam um toque de singularidade ao seu visual. A mary-river tem uma expectativa de vida incrível, podendo viver até 50 anos no estado selvagem. Essa longevidade contribui para sua importância ecológica, pois cada indivíduo tem mais tempo para influenciar o ecossistema em que vive. Quando está na água, a tartaruga Mary River é uma nadadora ágil. Ela usa suas patas palmadas para se movimentar com facilidade e habilidade, explorando seu hábitat em busca de alimento e abrigo.

RÉPTEIS
Rincocefalia

Tuatara ↘

Sphenodon punctatus
- **Família** Sphenodontidae
- **Tamanho** 60 cm de comprimento, incluindo a cauda; pesam de 400 g a 1,3 kg
- **Hábitat** Ilhas da Nova Zelândia, como a Ilha do Norte e a Ilha Brothers
- **Reprodução** Fêmeas depositam de 8 a 15 ovos em um ninho subterrâneo, e o período de incubação dura cerca de 12 a 15 meses
- **Alimentação** Insetos, vermes, caracóis, aranhas e pequenos vertebrados, como pássaros e lagartos

A tuatara é o único representante vivo de uma linhagem antiga de répteis que remonta a mais de 200 milhões de anos. Ela evoluiu junto com os dinossauros e conseguiu sobreviver até os dias de hoje, tornando-se um verdadeiro fóssil vivo. Seus olhos únicos possuem uma retina repleta de bastonetes, o que lhes confere uma visão noturna excepcional. Ela possui um corpo cilíndrico, com uma cabeça triangular e uma cauda longa e espinhosa. Sua pele é coberta por escamas rugosas e possui uma cor que varia do verde-oliva ao marrom, proporcionando excelente camuflagem em seu ambiente. Seus dentes são únicos, pois ao contrário da maioria dos répteis, possui dentes especializados, semelhantes aos dentes molares, usados para esmagar presas, como insetos, caracóis e pequenos vertebrados. A tuatara é ectotérmica, o que significa que sua temperatura corporal depende da temperatura ambiente. Ela se aquece ao tomar sol durante o dia e procura abrigo em tocas subterrâneas durante a noite, ou em períodos de clima frio.

ANFÍBIOS

Os anfíbios são uma classe diversa de animais que compreende sapos, rãs, salamandras, tritões e cecílias. Atualmente, existem mais de 8.000 espécies conhecidas de anfíbios no mundo, sendo 1.136 registradas no Brasil. Essas espécies são agrupadas em três principais grupos: anuros, que incluem sapos e rãs; urodelos, que abrangem salamandras e tritões; e ápodos, que são representados pelas cecílias.

Os anfíbios são caracterizados por uma série de traços distintivos. Eles possuem pele úmida e permeável, que desempenha um papel crucial em suas funções respiratórias. Além disso, muitos passam por uma metamorfose durante seu desenvolvimento, começando como larvas aquáticas (girinos) e, em seguida, transformando-se em formas terrestres. Essa capacidade de adaptar-se a diferentes ambientes é uma de suas características mais notáveis.

A origem dos anfíbios na Terra remonta a mais de 300 milhões de anos, tornando-os uma das classes de vertebrados mais antigas. Eles evoluíram a partir de peixes primitivos e, ao longo do tempo, desenvolveram adaptações para a vida em ambientes terrestres. No entanto, ainda dependem de ambientes aquáticos para sua reprodução, já que a maioria das espécies realiza a reprodução externa, depositando seus ovos na água. A respiração é realizada por meio de diferentes mecanismos, dependendo do estágio de vida e da espécie. Enquanto os girinos possuem brânquias para respirar debaixo d'água, as formas adultas geralmente respiram por meio de pulmões, pele e até mesmo membranas presentes na boca e na garganta. Essa combinação de adaptações respiratórias permite que obtenham oxigênio tanto da água quanto do ar. Quanto à alimentação, os anfíbios são carnívoros e sua dieta varia. Os girinos alimentam-se principalmente de algas e matéria orgânica em suspensão na água, enquanto os adultos consomem uma variedade de presas, incluindo insetos, minhocas, pequenos vertebrados e até mesmo outros anfíbios.

São repletos de curiosidades fascinantes. Por exemplo, algumas espécies são capazes de secretar toxinas pela pele, como uma defesa contra predadores. Essas substâncias podem ser extremamente potentes e até mesmo letais para animais que tentam atacá-los. Além disso, muitas espécies exibem comportamentos reprodutivos complexos, como vocalizações elaboradas para atrair parceiros. Eles desempenham um papel fundamental nos ecossistemas, atuando como predadores de insetos e servindo como indicadores da saúde ambiental. Sua respiração peculiar e variedade de comportamentos tornam esses animais verdadeiramente incríveis. Cuidar da conservação dessas espécies é essencial para a preservação da biodiversidade e do equilíbrio dos ecossistemas em todo o mundo. A seguir, conheça alguns dos mais fascinantes exemplares.

Os primeiros animais a se **aventurar no ambiente terrestre**

ANFÍBIOS
Caudata

Axolote ↙

Ambystoma mexicanum
- **Família** Ambystomatidae
- **Tamanho** 25 a 30 cm; peso entre 200 e 500 g
- **Hábitat** Corpos de água doce, como lagos, canais e pântanos da região central do México
- **Reprodução** Durante a época de reprodução, os machos liberam esperma e as fêmeas depositam os ovos, que são fertilizados externamente, e as larvas se desenvolvem na água até atingirem a maturidade
- **Alimentação** Crustáceos, insetos, vermes e outros invertebrados aquáticos; utiliza suas mandíbulas fortes e dentes afiados para capturar e consumir sua presa

Fascinante criatura que habita os corpos de água doce, é encontrado em lagos e canais da bacia do México e de Xochimilco. Sua aparência peculiar tornou-o objeto de admiração e estudo em todo o mundo. Uma das curiosidades mais fascinantes sobre o Ambystoma mexicanum é sua capacidade de regeneração. Diferentemente de outros animais, o Axolote possui a habilidade de regenerar partes do seu corpo, incluindo membros, cauda, espinha dorsal e até mesmo órgãos internos. Possui características distintas que o diferenciam de outros anfíbios. Seu corpo é alongado, coberto por uma pele lisa e delicada, e possui brânquias externas que permitem a respiração na água. Sua coloração varia entre tons de marrom, cinza e preto, e existem também espécimes albinos com pele rosada. Além disso, suas patas possuem membranas, facilitando o movimento ágil na água.

ANFÍBIOS
Anura

Pererecca ↘

Agalychnis spurrelli
- **Família** Hylidae
- **Tamanho** 2 a 10 cm de comprimento, incluindo as pernas estendidas
- **Hábitat** Florestas tropicais, matas ciliares, savanas e até mesmo desertos; são especialmente adaptadas para viver em ambientes úmidos, como regiões de alta pluviosidade
- **Reprodução** O acasalamento ocorre na água e a fêmea deposita os ovos em consistência gelatinosa, que aderem a substratos aquáticos; os girinos se desenvolvem na água antes de se transformarem em pererecas adultas
- **Alimentação** Insetos, aranhas, pequenos crustáceos e outros invertebrados

As pererecas são conhecidas por sua habilidade de aderir a superfícies verticais e até mesmo ao teto, graças aos discos adesivos presentes nas pontas de seus dedos. Além disso, muitas espécies de pererecas possuem a capacidade de vocalizar de maneira muito peculiar, produzindo sons estridentes e chamativos durante a época de reprodução. Anfíbios de tamanho médio a pequeno, as pererecas têm corpos geralmente arredondados e membros longos e ágeis. Sua pele é fina e úmida, adaptada para a absorção de água e trocas gasosas. Algumas espécies apresentam coloração vibrante, com padrões e manchas que ajudam na camuflagem. São predominantemente noturnas, sendo mais ativas durante a noite. Durante o dia, tendem a buscar abrigo em locais úmidos, como árvores, bromélias e outros esconderijos. Elas são excelentes saltadoras, e passam grande parte de suas vidas nas árvores, onde capturam suas presas e se reproduzem. Sua presença colorida e seu papel ecológico como predadoras de insetos fazem delas importantes integrantes dos ecossistemas em que habitam.

ANFÍBIOS
Anura

Rã-arborícola-europeia ↘

Hyla arborea
- **Família** Hylidae
- **Tamanho** 4 a 6 cm de comprimento; o peso varia entre 5 e 10 g
- **Hábitat** Áreas florestais, campos agrícolas e jardins, além de habitats com vegetação densa, como bosques e áreas úmidas próximas a corpos d'água
- **Reprodução** Fêmeas depositam seus ovos em folhas de plantas aquáticas ou outros substratos próximos à água; os girinos se desenvolvem na água antes de passarem pela metamorfose e se tornarem rãs adultas
- **Alimentação** Insetos, aranhas, pequenos crustáceos e outros pequenos invertebrados

A rã-arborícola-europeia é conhecida por sua incrível habilidade de camuflagem. Sua coloração varia entre tons de verde-claro e marrom, permitindo que se misture perfeitamente ao ambiente arborícola em que vive. Além disso, os machos dessa espécie possuem uma vocalização característica, produzindo um som semelhante a um sino, o que lhe rendeu o apelido de "rã-sino". A rã-arborícola-europeia possui um corpo pequeno e delgado, com olhos grandes e membranas entre os dedos das patas traseiras. Essas adaptações as tornam excelentes saltadoras e escaladoras. Sua pele é suave e úmida, permitindo a respiração cutânea e a absorção de água. Como o nome sugere, essa espécie de rã é arborícola, passando a maior parte do tempo em árvores e arbustos. Elas são ativas principalmente durante a noite, quando saem em busca de alimento. Durante o dia, encontram abrigo entre a vegetação densa para evitar predadores e regular sua temperatura corporal.

ANFÍBIOS
Anura

Rã-flecha-azul

A rã-flecha-azul é conhecida por sua coloração deslumbrante e veneno poderoso. Essa espécie possui uma pele brilhante e azul intensa, que serve como um alerta visual para predadores, indicando sua toxicidade. Além disso, as tribos indígenas da região amazônica utilizam o veneno dessa rã para preparar as flechas de caça, daí o nome "flecha" em seu nome comum. Essas pequenas rãs são diurnas e passam a maior parte do tempo no chão da floresta tropical, embora também possam ser encontradas em árvores e vegetação densa. Elas são ágeis e saltadoras, movendo-se rapidamente para escapar de predadores ou buscar alimento. Sua presença nas florestas tropicais contribui para o equilíbrio ecológico e destaca a beleza e diversidade da vida selvagem na região amazônica.

Dendrobates tinctorius azureus
- **Família** Dendrobatidae
- **Tamanho** 2,5 a 5 cm de comprimento; o peso varia de 5 a 10 g
- **Hábitat** Florestas tropicais úmidas da região amazônica, especialmente na Guiana Francesa e no Suriname
- **Reprodução** Por meio de desova, a fêmea deposita seus ovos em locais úmidos e protegidos, como folhas ou bromélias; depois da eclosão, os girinos são transportados nas costas dos pais até corpos d'água, onde completam seu desenvolvimento
- **Alimentação** Formigas, besouros e moscas

ANFÍBIOS
Anura

Rã-de-olhos-vermelhos ↘

Agalychnis callidryas
- **Família** Hylidae
- **Tamanho** 5 a 7 cm de comprimento; o peso varia entre 15 e 25 g
- **Hábitat** Florestas tropicais úmidas da América Central, incluindo países como Costa Rica, Panamá e Honduras
- **Reprodução** Durante a estação reprodutiva, os machos da rã de olhos vermelhos emitem vocalizações distintivas para atrair as fêmeas; o acasalamento ocorre em corpos d'água, onde a fêmea deposita seus ovos em folhas acima da superfície; após a eclosão, os girinos caem na água e passam pelo processo de metamorfose até se tornarem rãs adultas
- **Alimentação** Insetos, como grilos, moscas e besouros

A **rã-de-olhos-vermelhos** é conhecida por seus olhos grandes e vermelhos, que são uma adaptação para confundir predadores durante o período noturno. Além disso, os machos dessa espécie são conhecidos por seu chamado alto e distintivo, que utilizam para atrair as fêmeas durante o período de reprodução. Sua pele é verde vibrante na parte superior do corpo, e possui padrões de cores variados. Essas cores vivas também servem como uma forma de camuflagem na vegetação. A rã-de-olhos-vermelhos é uma espécie noturna e arbórea. Durante o dia, ela geralmente se abriga em folhagens densas e próximas a corpos d'água. À noite, sai em busca de alimento e se reproduz.

ANFÍBIOS

Anura

Rã-golias

A rã-golias é conhecida por ser a maior espécie de rã do mundo. Seu tamanho impressionante e aparência robusta a tornam uma espécie única e fascinante. Possui um corpo grande e robusto, com pele rugosa e coloração variando entre tons de verde e marrom. Apresenta uma cabeça larga e olhos salientes. Essas rãs são predominantemente terrestres, mas também são capazes de nadar. Elas são animais noturnos e preferem ambientes úmidos, como florestas tropicais e regiões próximas a córregos e rios. Durante o dia, tendem a se esconder em tocas ou debaixo de folhagens.

Conraua goliath
- **Família** *Conrauidae*
- **Tamanho** Cerca de 32 cm de comprimento; o peso pode ultrapassar os 3 kg
- **Hábitat** Florestas tropicais e regiões montanhosas da África Ocidental, incluindo países como Camarões e Guiné Equatorial; são encontradas em habitats úmidos, como florestas pluviais e áreas próximas a rios e riachos
- **Reprodução** Apresenta reprodução por meio de desova
- **Alimentação** Insetos, pequenos vertebrados e outros animais que possam ser encontrados em seu ambiente, como lesmas e caracóis

ANFÍBIOS
Anura

Rã-touro ↘

Lithobates catesbeianus
- **Família** *Ranidae*
- **Tamanho** 15 a 20 cm de comprimento; pesam de 0,5 a 1 kg
- **Hábitat** Nativas da América do Norte, especialmente das regiões leste e central dos Estados Unidos e do Canadá; no entanto, devido à sua introdução em várias partes do mundo, elas podem ser encontradas em outros continentes
- **Reprodução** Desova
- **Alimentação** Insetos, vermes, peixes pequenos, anfíbios menores e até mesmo aves aquáticas

A rã-touro é conhecida por seu tamanho grande e seu som característico ao coaxar. Ela é considerada uma das maiores espécies de rãs do mundo. Além disso, essa espécie foi introduzida em várias partes do mundo para fins de criação comercial, e acabou se tornando invasora em algumas regiões. A rã-touro possui um corpo grande e robusto, com pernas fortes e uma boca larga. Sua pele é geralmente de cor verde-oliva, com manchas escuras e uma textura áspera. Ela possui olhos salientes e membranas nos dedos, adaptadas para nadar. Essas rãs são semiaquáticas, passando parte do tempo na água e parte do tempo em terra. Durante o dia, elas tendem a se esconder em locais úmidos, como sob rochas ou troncos. À noite, saem para se alimentarem e para reproduzirem.

ANFÍBIOS
Caudata

Salamandra-de-fogo ↘

Salamandra salamandra
- **Família** *Salamandridae*
- **Tamanho** 15 a 25 cm; pesam de 20 a 80 g
- **Hábitat** Encontrada em várias regiões da Europa, incluindo países como Espanha, França, Alemanha e Portugal
- **Reprodução** Ocorre na água; a fêmea deposita seus ovos em corpos d'água, como lagos, lagoas ou riachos, após a eclosão, as larvas aquáticas se desenvolvem até passarem por metamorfose e se tornarem salamandras jovens
- **Alimentação** Pequenos invertebrados, como insetos, aranhas, minhocas e lesmas e a fêmea deposita os ovos em consistência gelatinosa, que aderem a substratos aquáticos; os girinos se desenvolvem na água antes de se transformarem em pererecas adultas
- **Alimentação** Insetos, aranhas, pequenos crustáceos e outros invertebrados

A salamandra-de-fogo é uma das espécies de salamandras mais conhecidas e amplamente distribuídas na Europa. Ela recebe esse nome devido à coloração vibrante e contrastante de seu corpo, que varia entre tons de preto e vermelho brilhante. Além disso, essas salamandras têm uma capacidade única de autotomia, ou seja, podem desprender sua cauda como uma forma de defesa contra predadores. Possui um corpo alongado e cilíndrico, com quatro patas curtas e uma cauda espessa. Sua pele é lisa e possui coloração preta com manchas ou listras vermelhas, amarelas ou laranjas. Ela possui glândulas de veneno na pele, que secretam uma substância tóxica para proteção. Essas salamandras são principalmente noturnas e terrestres, embora também possam ser encontradas em corpos d'água durante a época de reprodução. Durante o dia, elas se escondem em locais úmidos, como debaixo de troncos, rochas ou em tocas. São animais lentos e cautelosos, preferindo evitar o confronto direto com predadores.

ANFÍBIOS
Caudata

Salamandra-negra ↘

Salamandra atra
- **Família** *Salamandridae*
- **Tamanho** 15 a 20 cm; peso de 30 a 50 g
- **Hábitat** Diferentes regiões da Europa, incluindo países como Espanha, França, Alemanha e Suíça; habitam áreas úmidas, como florestas temperadas, bosques, montanhas e vales
- **Reprodução** Ocorre na água; durante o período de acasalamento, os machos atraem as fêmeas emitindo feromônios e realizando uma dança nupcial; a fêmea deposita os ovos em águas calmas, como lagos ou riachos, onde eles se desenvolvem até eclodirem em larvas aquáticas; após algumas semanas ou meses, as larvas passam por metamorfose e se tornam salamandras jovens
- **Alimentação** Pequenos invertebrados terrestres e aquáticos, como insetos, vermes, minhocas e crustáceos

A salamandra-negra é conhecida por sua aparência distintiva e por ser uma das poucas espécies de anfíbios que possui a capacidade de regenerar partes do seu corpo, como membros e órgãos internos. Além disso, ela é associada a várias lendas e mitos em diferentes culturas ao redor do mundo. Possui um corpo alongado e delgado, com pele lisa e brilhante de cor preta. Algumas vezes, podem apresentar manchas amarelas ou alaranjadas. Ela possui quatro patas curtas e uma cauda longa. Sua pele secretora de toxinas serve como uma defesa contra predadores. Essas salamandras são predominantemente noturnas e terrestres. Durante o dia, elas se escondem em lugares úmidos, como debaixo de troncos, rochas ou em tocas. À noite, saem em busca de alimento.

ANFÍBIOS
Caudata

Salamandra-tigre ↘

Ambystoma tigrinum
- **Família** *Ambystomatidae*
- **Tamanho** Comprimento médio de 36 cm; o peso varia de 30 a 70 g
- **Hábitat** Nativa da América do Norte e pode ser encontrada em diferentes regiões, desde o Canadá até o México; preferem habitats aquáticos, como lagos, pântanos e riachos
- **Reprodução** Ocorre na água
- **Alimentação** Minhocas, insetos e sapos

Considerada a maior salamandra terrestre do planeta, a salamandra-tigre recebe esse nome devido ao padrão listrado ou manchado em seu corpo, que se assemelha ao padrão de pelagem de um tigre. Além disso, essa espécie possui a capacidade de regenerar partes do corpo, como membros e cauda, em caso de lesões ou amputações. Possui um corpo robusto e alongado, com quatro patas curtas, focinho curto e uma cauda longa. Sua coloração varia entre tons de marrom, preto e amarelo, com manchas ou listras irregulares. Essa variação de padrões de cor pode ocorrer entre indivíduos da mesma espécie. Essas salamandras são principalmente aquáticas e podem ser encontradas em lagos, lagoas e rios. Durante o dia, elas tendem a se esconder em locais submersos ou em tocas nas margens dos corpos d'água. À noite, saem para se alimentar e buscar parceiros para reprodução.

ANFÍBIOS
Anura

Sapo-boi ↓

Rhinella marina (anteriormente conhecido como *Bufo marinus*)
- **Família** Bufonidae
- **Tamanho** 10 a 20 cm; o peso pode chegar a mais de 1 kg
- **Hábitat** Nativos de regiões tropicais e subtropicais das Américas Central e do Sul; podem ser encontrados em uma variedade de habitats, desde florestas úmidas até savanas e áreas costeiras
- **Reprodução** Durante a estação de acasalamento, os machos emitem vocalizações características para atrair as fêmeas, após a fecundação, as fêmeas depositam os ovos em cordões gelatinosos na água, após a eclosão, as larvas se desenvolvem na água até passarem por metamorfose e se tornarem sapos jovens
- **Alimentação** Insetos, como grilos, besouros e mariposas, além de pequenos vertebrados, como ratos e pássaros, anfíbios e até mesmo animais de sua própria espécie

O sapo-boi, também conhecido como sapo-cururu, é famoso por seu tamanho e por ser considerado um dos maiores sapos do mundo. Além disso, possui glândulas parotoides, localizadas nas laterais do corpo, que secretam uma substância tóxica quando se sente ameaçado. O sapo-boi possui um corpo robusto e achatado, com uma cabeça grande e olhos proeminentes. Sua pele é rugosa e pode variar em cores, incluindo tons de marrom, verde e cinza. Esses sapos são predominantemente terrestres e adaptados a uma variedade de habitats, incluindo florestas tropicais, áreas úmidas e até mesmo áreas urbanas. Eles são ativos durante a noite, buscando abrigo durante o dia em buracos ou embaixo de vegetação densa. Também são bons nadadores e podem ser encontrados em corpos d'água.

ANFÍBIOS
Anura

Sapo-boi-indiano ↘

Hoplobatrachus tigerinus
- **Família** *Dicroglossidae*
- **Tamanho** 10 a 15 cm; o peso varia de 100 a 300 g
- **Hábitat** Nativos do sul da Ásia e podem ser encontrados em uma variedade de habitats, desde florestas tropicais até áreas semiáridas
- **Reprodução** Ocorre em corpos d'água temporários, como poças formadas durante a estação chuvosa
- **Alimentação** Insetos, como grilos, gafanhotos e besouros; podem se alimentar de pequenos vertebrados, como ratos e lagartos, além de outros anfíbios e invertebrados aquáticos

O **sapo-boi-indiano** é conhecido por sua capacidade de inflar seu corpo quando ameaçado, aumentando de tamanho e se tornando mais intimidador para possíveis predadores. Além disso, essa espécie é adaptada para sobreviver em diferentes ambientes, desde áreas úmidas até zonas áridas. Possui um corpo grande e robusto, com pele áspera e verrugosa. Sua coloração varia em tons de verde, marrom e cinza, com manchas ou padrões irregulares. Ele possui olhos grandes e proeminentes, adaptados para uma boa visão noturna. Esses sapos são principalmente terrestres, mas também podem ser encontrados em corpos d'água, como lagoas, pântanos e rios.

ANFÍBIOS
Anura

Sapo-comum ↘

Bufo spinosus
(anteriormente Bufo bufo)
- **Família** Bufonidae
- **Tamanho** 10 a 15 cm; o peso varia de 50 a 150 g
- **Hábitat** Desde florestas até áreas abertas, como campos, jardins e parques; preferem áreas úmidas, como pântanos, lagoas e margens de rios
- **Reprodução** Os ovos são depositados em água parada, formando fios de ovos gelatinosos; as larvas eclodem dos ovos e passam por um estágio aquático antes de se transformarem em sapos jovens
- **Alimentação** Insetos, como besouros, moscas e formigas, minhocas, caracóis e outros pequenos invertebrados

O sapo-comum é uma das espécies de sapos mais amplamente distribuídas na Europa. Eles têm uma habilidade única de inflar seus corpos quando ameaçados, tornando-se maiores e mais difíceis de engolir para possíveis predadores. Além disso, possuem glândulas de veneno nas costas, que ajudam a protegê-los. Têm corpos robustos e pele áspera, olhos grandes e pupilas verticais. Sua coloração varia de marrom ao cinza, com manchas escuras ou claras. Além disso, os machos têm glândulas nupciais, que são estruturas escuras inchadas, encontradas nas laterais da cabeça durante a época de reprodução. Esses sapos são principalmente noturnos e passam o dia em locais úmidos e escondidos, como sob pedras, troncos ou em tocas. No inverno, eles hibernam em buracos ou sob folhas caídas.

ANFÍBIOS
Anura

Sapo-de-chifre-da-amazônia ↳

Ceratophrys cornuta
- **Família** *Ceratophryidae*
- **Tamanho** 10 a 15 cm; o peso pode chegar a mais de 200 g
- **Hábitat** Áreas úmidas da Floresta Amazônica e outras regiões da América do Sul; preferem habitats com vegetação densa, como florestas tropicais, pântanos e margens de rios; são animais adaptados à vida terrestre, mas também são capazes de nadar
- **Reprodução** Ocorre em corpos d'água temporários, como poças formadas durante a estação chuvosa
- **Alimentação** Insetos, aranhas, pequenos vertebrados e até mesmo outros sapos; têm uma mordida poderosa e são capazes de engolir presas do tamanho deles

O sapo-de-chifre-da-amazônia é conhecido por sua aparência única, com olhos grandes e protuberâncias em forma de chifre sobre eles. As fêmeas, porém, podem não tê-las. As protuberâncias o ajudam na camuflagem, além de lhe darem uma aparência intimidadora. Além disso, essa espécie é conhecida por seu chamado alto e estridente, que pode ser ouvido à noite. Esse sapo tem um corpo robusto e uma boca grande, com dentes afiados. Sua pele é geralmente verde, marrom ou acinzentada, permitindo uma excelente camuflagem em seu hábitat. De hábitos predominantemente noturnos, passam a maior parte do tempo escondidos em buracos ou enterrados no solo, esperando por suas presas. Eles são animais solitários e territoriais, defendendo seu território agressivamente quando ameaçados.

ANFÍBIOS
Anura

Sapo-dourado ↘

Incilius periglenes
(anteriormente Bufo bufo)
- **Família** *Bufonidae*
- **Tamanho** 5 a 6 cm; pesam alguns gramas
- **Hábitat** Eram encontrados nas florestas nubladas de Monteverde, localizadas nas montanhas da Costa Rica; habitavam áreas úmidas e nebulosas, com grande presença de vegetação
- **Reprodução** Pouco se sabe sobre os hábitos reprodutivos específicos do sapo-dourado devido à sua raridade e possível extinção
- **Alimentação** Pequenos invertebrados, como insetos, aranhas e minhocas

O **sapo-dourado** é uma espécie extremamente rara e considerada criticamente ameaçada de extinção. Era endêmico das florestas nubladas de Monteverde, na Costa Rica. Infelizmente, não é visto desde 1989. Esses sapos apresentam uma coloração vibrante e distinta, com tons de amarelo dourado em sua pele. Eles possuem olhos grandes e protuberantes, adaptados para uma vida noturna. Sua pele tem uma textura rugosa e pode apresentar pequenas verrugas. Os sapos-dourados eram animais noturnos e arbóreos, passando a maior parte do tempo em árvores e arbustos. Durante o dia, eles se escondiam em meio às folhagens para evitar predadores e desidratação.

ANFÍBIOS

Anura

Sapo-parteiro ↙

Alytes
- **Família** *Discoglossidae*
- **Tamanho** 4 e 7 cm; o peso varia de alguns gramas a algumas dezenas de gramas
Hábitat Desde florestas úmidas até áreas abertas, como prados e campos agrícolas
- **Reprodução** A reprodução dos sapos-parteiros é única; após o acasalamento, a fêmea deposita os ovos e o macho os fertiliza; em seguida, o macho carrega os ovos nas costas até que as larvas estejam desenvolvidas e prontas para a eclosão na água
- v**Alimentação** Pequenos invertebrados, como insetos, aranhas e minhocas

Os **sapos-parteiro**s são conhecidos por seu comportamento único de reprodução. Os machos carregam os ovos fertilizados nas costas até que as larvas estejam prontas para a eclosão. Além disso, possuem glândulas parotoides, que secretam uma substância pegajosa para ajudar na defesa contra predadores. Têm corpos arredondados e compactos, com pele lisa e úmida. Sua coloração varia do marrom ao cinza, com manchas escuras ou claras. Seus olhos são grandes e as pupilas verticais. Além disso, possuem membranas entre os dedos dos pés para auxiliar na natação. São predominantemente noturnos e passam a maior parte do tempo em áreas úmidas, como florestas, pântanos e margens de riachos. Durante o dia, elas se escondem em locais protegidos, como sob troncos ou pedras.

ANFÍBIOS
Anura

Sapo-peludo ↘

Trichobatrachus robustus
- **Família** Arthroleptidae
- **Tamanho** 8 a 12 cm; o peso varia de alguns gramas a algumas dezenas de gramas
- **Hábitat** Florestas tropicais úmidas da África Ocidental, como Camarões e Nigéria
- **Reprodução** Pouco se sabe sobre os hábitos de reprodução específicos do sapo peludo, mas acredita-se que eles sigam o ciclo típico de reprodução dos sapos, com os ovos sendo postos em corpos d'água onde as larvas se desenvolvem
- **Alimentação** Pequenos invertebrados, como insetos, minhocas e aranhas

O sapo-peludo é uma espécie distinta, sendo a única do gênero Trichobatrachus. Ele recebe esse nome devido às estruturas de pelos que cobrem seu corpo, tornando-o parecido com um pequeno animal peludo. Essa espécie fascinante, com sua aparência incomum e adaptação a um estilo de vida subterrâneo, está presente em florestas tropicais e é importante para o equilíbrio ecológico, contribuindo para o controle de populações de insetos. Possui um corpo robusto e compacto, com uma pele áspera e coberta de pelos finos. Sua coloração varia do marrom ao cinza, geralmente com manchas escuras. Ele tem olhos pequenos e pernas curtas, adaptadas para uma vida semicolonial em tocas subterrâneas. Esses sapos são principalmente noturnos e passam a maior parte do tempo em tocas úmidas. São animais solitários e territoriais, geralmente permanecendo em suas tocas durante o dia e saindo à noite para caçar.

ANFÍBIOS

Anura

Sapo-pingo-de-ouro ↘

Brachycephalus rotenbergae
- **Família** *Brachycephalidae*
- **Tamanho** São extremamente pequenos, geralmente medindo entre 1,5 e 2 cm de comprimento; seu peso varia de alguns gramas a poucos gramas
- **Hábitat** Endêmico da região da Serra da Mantiqueira, no interior paulista; habita áreas de floresta úmida e se encontra principalmente em altitudes elevadas
- **Reprodução** Como outras espécies do gênero Brachycephalus, espera-se que eles depositem seus ovos em locais úmidos e as larvas completem seu desenvolvimento em meio aquático
- **Alimentação** Pequenos insetos, como formigas, besouros e moscas

O *Brachycephalus rotenbergae* é uma das espécies mais recentemente descobertas do gênero Brachycephalus, conhecido popularmente como sapo-pingo-de-ouro. Sua descoberta ocorreu na região da Serra da Mantiqueira, localizada no interior do estado de São Paulo, Brasil. Trata-se de um sapo diminuto, com dedos fundidos e pernas pequenas. Sua coloração varia entre tons de amarelo e dourado, o que contribui para seu nome popular. Apesar de ser pequeno em tamanho, sua aparência é marcante e única. Essa espécie de sapo tem hábitos noturnos e é principalmente terrestre. Ele se movimenta lentamente pelo chão da floresta em busca de abrigo e alimento. Por ser de pequeno porte, é adaptado para viver em micro-habitats, como folhas e troncos em decomposição.

ANFÍBIOS
Caudata

Tritão ↘

Lissotriton vulgaris
- **Família** *Salamandridae*
- **Tamanho** pode variar dependendo da espécie; podem alcançar cerca de 10 a 15 cm de comprimento
- **Hábitat** Lagos, lagoas, riachos e pântanos
- **Reprodução** Geralmente ocorre na água; as fêmeas depositam seus ovos em folhas aquáticas ou outros substratos aquáticos; os filhotes, chamados de larvas, passam por uma fase aquática antes de se tornarem adultos terrestres
- **Alimentação** Pequenos insetos, como moscas, besouros e larvas aquáticas; usam sua língua pegajosa para capturar suas presas

O termo "tritão" é comumente usado para se referir a várias espécies de anfíbios da subfamília *Pleurodelinae*. Essas criaturas fascinantes são conhecidas por sua capacidade de regeneração, especialmente em relação às suas caudas e membros. Os tritões possuem corpos alongados e caudas longas, que desempenham um papel importante em sua habilidade de nadar. Eles têm quatro pernas curtas e geralmente apresentam cores vibrantes, como tons de laranja, vermelho, amarelo e preto. Suas peles são cobertas por glândulas que secretam uma substância tóxica como forma de defesa contra predadores. Os tritões são animais que apresentam uma série de adaptações interessantes para viver em ambientes aquáticos e terrestres. Sua habilidade de regeneração, suas cores vibrantes e seu estilo de vida único os tornam uma parte importante do reino dos anfíbios.

REFERÊNCIAS

ALBUQUERQUE, Nelson Rufino de (org.). **Manual de identificação das serpentes peçonhentas de Mato Grosso do Sul** [recurso eletrônico] / Campo Grande, MS : Ed. UFMS, 2022. 56 p. : il. col. Disponível em: https://repositorio.ufms.br/bitstream/123456789/5116/1/MANUAL_DE_IDENTIFICA%C3%87%C3%83O_DAS_SERPENTES.pdf. Acesso em 28/06/2023.

ALCOCK, John. **Comportamento animal: uma abordagem evolutiva.** SP: Grupo A, 2011. E-book. ISBN 9788536325651. Disponível em: https://integrada.minhabiblioteca.com.br/#/books/9788536325651/. Acesso em 28/06/2023.

Animal Diversity Web. Disponível em: https://animaldiversity.org/accounts/Strix_nebulosa/#hábitat. Acesso em 19/06/2023.

BEMVENUTI, Marlise de Azevedo & FISCHER, Luciano Gomes. **PEIXES: MORFOLOGIA E ADAPTAÇÕES.** In Cadernos de Ecologia Aquática 5 (2) : 31-54, ago – dez 2010. Universidade Federal do Rio Grande - FURG, revista eletrônica, Instituto de Oceanografia. Disponível em: https://demersais.furg.br/images/producao/2010_bemvenuti_peixes_morfologia_caderno_ecol_aquat.pdf. Acesso em 27/06/2023.

BirdLife International (2023) Ficha técnica da espécie: Strix nebulosa. Disponível em: http://datazone.birdlife.org/species/factsheet/great-grey-owl-strix-nebulosa. Acesso em 19/06/2023.

COQUEIRO, Guilherme Suzano [et al.] ; LEITE JÚNIOR, Nilamon de Oliveira [organização]. **Guia fotográfico para identificação de peixes comerciais marinhos desembarcados no Espírito Santo** [livro eletrônico] / – 1. ed. – Brasília, DF : Instituto Chico Mendes - ICMBio, 2022. PDF Disponível em: https://www.gov.br/icmbio/pt-br/assuntos/centros-de-pesquisa/tartarugas-marinhas-e-biodiversidade-marinha-do-leste/arquivos/guia-identificacao-de-peixes-tamar-v-digital-rgb-final-distrib-rdz_compressed.pdf. Acesso em 27/06/2023.

HEYING, H. 2003. "Caudata" (On-line), **Animal Diversity Web.** Disponível em: https://pt.wikipedia.org/wiki/Trit%C3%A3o_(anf%C3%ADbio)#:~:text=Heying%2C%20H.%202003.%20%22Caudata%22%20(On%2Dline)%2C%20Animal%20Diversity%20Web.%20Acesso%20em%2003.Mar.2008. Acesso em 30/06/2023.

Instituto Chico Mendes de Conservação da Biodiversidade. 2018. **Livro Vermelho da Fauna Brasileira Ameaçada de Extinção: Volume III - Aves.** In: Instituto Chico Mendes de Conservação da Biodiversidade. (Org.). **Livro Vermelho da Fauna Brasileira Ameaçada de Extinção. Brasília: ICMBio.** 709p. Disponível em: https://www.gov.br/icmbio/pt-br/centrais-de-conteudo/publicacoes/publicacoes-diversas/livro_vermelho_2018_vol3.pdf. Acesso em 11/05/2023.

Instituto Chico Mendes de Conservação da Biodiversidade. Disponível em: https://www.gov.br/icmbio/pt-br/centrais-de-conteudo/publicacoes/publicacoes-diversas/livro-vermelho/livro-vermelho-da-fauna-brasileira-ameacada-de-extincao-2018. Acesso em 30/06/2023.

Instituto Evandro Chagas - IEC. Disponível em: https://www.gov.br/iec/pt-br/centro-nacional-de-primatas/assuntos/guia-de-especies/macaco-prego-black-capped-capuchin-ing. Acesso em 30/06/2023.

LESSA, Rosangela; NÓBREGA, Marcelo F. de. **Guia de Identificação de Peixes**

Marinhos da Região Nordeste. UFRPE - Departamento de Pesca - Laboratório de Dinâmica de Populações Marinhas. Recife, maio de 2000. Disponível em: https://www.pesca.pet/wp-content/uploads/2018/10/Lessa_Nobrega_2000.pdf. Acesso em 27/06/2023.

Lista Vermelha de Espécies Ameaçadas da União Internacional para Conservação da Natureza. Disponível em: https://www.iucnredlist.org/. Acesso em 30/06/2023.

Mongabay. Disponível em: https://brasil.mongabay.com/2015/12/o-triunfo-do-bisao-o-maior-animal-da-europa-se-recuperou-um-seculo-apos-ter-desaparecido/. Acesso em 30/06/2023.

ORSI, Mário L. **Estratégias reprodutivas de peixe.** SP: Editora Blucher, 2010. E-book. ISBN 9788580391534. Disponível em: https://integrada.minhabiblioteca.com.br/#/books/9788580391534/. Acesso em 27/06/2023.

Parque Biológico de Vila Nova de Gaia. Disponível em: https://www.parquebiologico.pt/animais-plantas/fauna/mamiferos/item/bisontes#:~:text=Alimenta%C3%A7%C3%A3o%3A,ano%2C%20entre%20junho%20e%20setembro. Acesso em 30/06/2023.

PIACENTINI, VQ et al. **Lista comentada das aves do Brasil pelo Comitê Brasileiro de Registros Ornitológicos / Lista comentada das aves do Brasil pelo Comitê Brasileiro de Registros Ornitológicos.** Revista Brasileira de Ornitologia, v. 23, n. 2, pág. 91–298, 2015.

Projecto LIFE Natureza. Disponível em: http://hábitatlinceabutre.lpn.pt/homepage/abutre-preto/content.aspx?tabid=2388&code=pt Acesso em 27/06/2023.

Projeto Pinípedes do Sul. Disponível em: https://www.pinipedesdosul.com.br/index.php Acesso em 30/06/2023.

SCHMIDT-NIELSEN, Knut. **Fisiologia Animal - Adaptação e Meio Ambiente**, 5ª edição. SP: Grupo GEN, 2002. E-book. ISBN 978-85-412-0294-7. Disponível em: https://integrada.minhabiblioteca.com.br/#/books/978-85-412-0294-7/. Acesso em 27/06/2023.

Sistema de Informação sobre a Biodiversidade Brasileira (SiBBr). Disponível em: https://ala-bie.sibbr.gov.br/ala-bie/species/135734. Acesso em 27/06/2023.

STARR, Cecie; TAGGART, Ralph; EVERS, Christine; STARR, Lisa. **Biologia - Unidade e diversidade da vida - Vol. 1** - Tradução da 12ª edição norte-americana. [Digite o Local da Editora]: Cengage Learning Brasil, 2012. E-book. ISBN 9788522113330. Disponível em: https://integrada.minhabiblioteca.com.br/#/books/9788522113330/. Acesso em 27/06/2023.

VAZ-SILVA, Wilian et al. **Guia de identificação das espécies de anfíbios (Anura e Gymnophiona) do estado de Goiás e do Distrito Federal, Brasil Central.** Sociedade Brasileira de Zoologia, 2020. Disponível em: https://books.scielo.org/id/9qfsp/pdf/vaz-9786587590011.pdf. Acesso em 30/06/2023.

Wiki Aves. Disponível em: https://www.wikiaves.com.br/index.php. Acesso em 26/06/2023.

WWF. Disponível em: https://www.worldwildlife.org/. Acesso em 30/06/2023.